井上佳子
Inoue Keiko

三池炭鉱「月の記憶」

そして与論を出た人びと

石風社

三池炭鉱「月の記憶」——そして与論を出た人びと◉目次

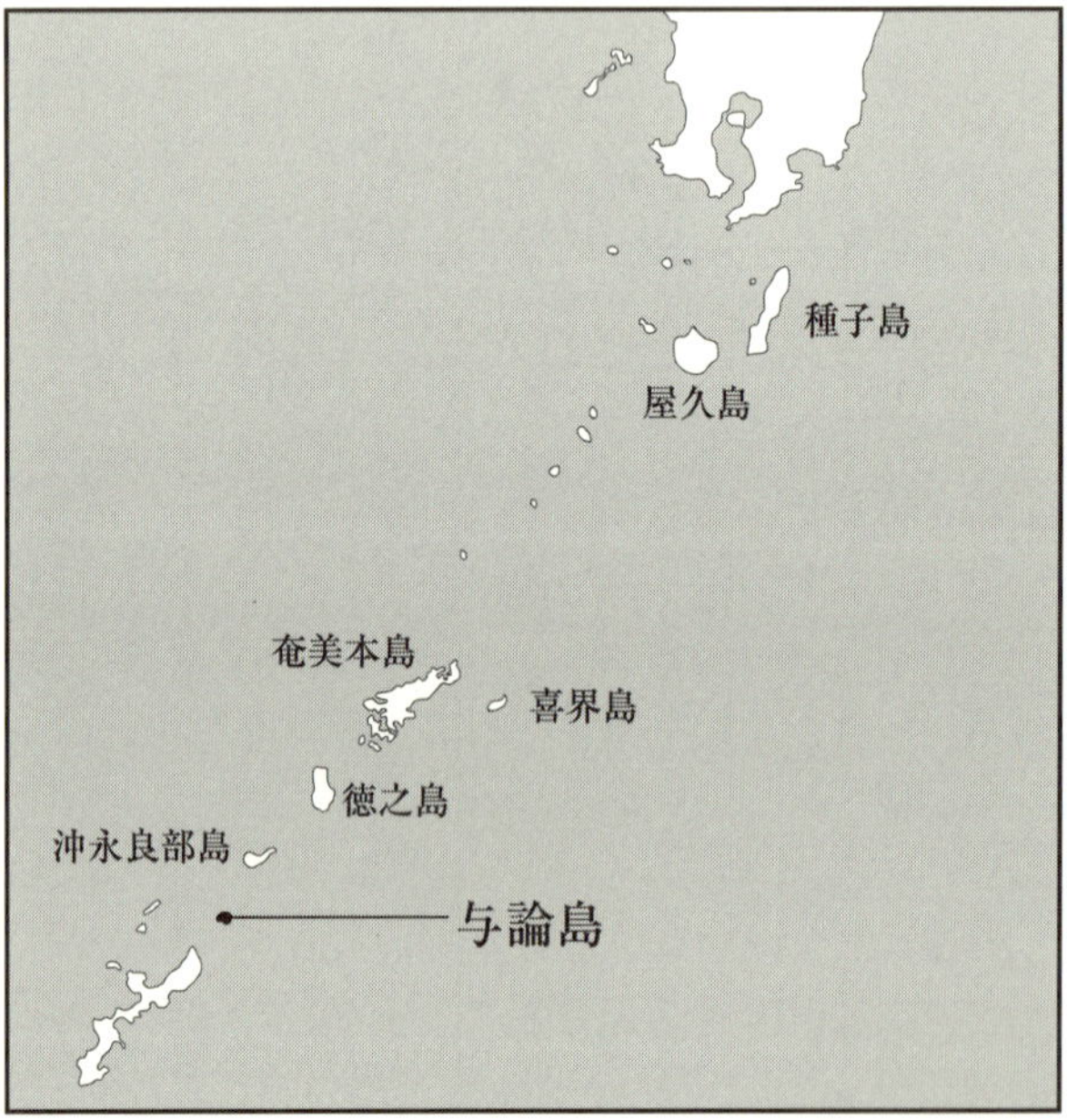
種子島
屋久島
奄美本島
喜界島
徳之島
沖永良部島
与論島

序

大蛇山祭り

二〇〇八年七月。今年も、福岡県大牟田最大の祭り〝大蛇山《だいじゃやま》〟が巡ってきた。各地区ごとに造られたご神体の大蛇が山車《だし》に乗せられ、上気した顔の男たちに引かれて大牟田のメインストリート・大正通りを目指す。大蛇同士が鉢合わせすると、大蛇は体を震わせて火を噴き、炭鉱の街の夜空を焦がす。

いなせな女たちは夜目にもあでやかだ。威勢のいい掛け声で、大蛇と男たちを容赦なく煽《あお》る。ヤマの男たちがぶつかり合う大蛇山は、炭鉱の街が一番熱く燃える日だ。

そして、もうひとつ、市民の身体に刷り込まれたものがある。炭坑節だ。大蛇山で行われる「炭坑節一万人総踊り」は祭りのもうひとつの呼び物だ。

火を噴く大蛇山

月が出たでた　月がでた　あよいよい　三池炭鉱の上にでた

歌詞に出てくる三池炭鉱は、福岡と熊本にまたがる地域に広がっていた。多いときには日本の石炭の二割を掘り出す日本最大の炭鉱だった。

総踊りに参加しているのは、職場の団体や高校の同窓会、自治体などさまざまだ。

このなかに、ひときわ目を引くカラフルなはっぴを着た一団がいる。身頃は黄色、袖はブルー。襟元は赤。頭をハイビスカスの花環で飾った人も、首からレイをかけている人もいる。プラカードには「大牟田・荒尾地区与論会」とある。

総勢五十人。浅黒い肌にくっきりとした目鼻立ち。南国らしい風貌に、明るいはっぴがよく似合っている。

掘って、掘って、担いで、担いで

どの人も、晴れ晴れとしたなかに、どこか恥じらいを含んだ表情だ。

眺めて、眺めて、押して、押して

足を出すときも、手拍子するときも、どこか遠慮がちだ。

与論会の人たちが総踊りに参加したのは二回目。前の年ははっぴはなく、めいめい自分のTシャツで参加した。はっぴをそろえ、堂々と与論会をアピールして参加したのは今回が初めてだ。

「気合入れていくぞ」

先頭で皆の士気をあおっている人がいる。与論会の会長・町謙二さんだ。メンバーのなかには、大量の缶ビールやジュースを入れたワゴンを押す人もいて、みんなに水分のみならずアルコールも補給している。町さんは、缶ビールをほとんど二口くらいで次々に飲み干しては、皆に檄《げき》を飛ばし続ける。この日の町さんの表情には、大変な充実感が見て取れた。

「ユンヌンチュがはずかしいことはないということを知ってもらいたい。心を開く突破口として出たわけです」

炭坑節の練習の現場に行くと、町さんはいつも繰り返した。

ユンヌンチュというのは、与論の言葉で、与論の民のことを指す。反対に、タビンチュは本土の人間のことだ。

「ユンヌンチュが、何もはずかしいことはない。それをタビンチュにわかってもらいたい」

与論出身者のなかには、今でも、自分が与論の出身だといえない人がいるのだ。町さんは、きょうのこの踊りを、与論の民が、自分の殻から一歩抜け出すきっかけにしたいと思っていた。

炭坑節は、もともと筑豊の選炭歌だったものが、三池にお株を奪われる形で広がっていったと言われている。

あんまり煙突が高いので　さぞやお月さん煙たかろ

私は以前から、この部分の歌詞が気になっていた。炭坑の高い煙突から出る煙を煙たがるお月さん。ユーモラスにも聞こえるが、なぜかどことなく、哀調を帯びて聞こえて仕方がないのだ。煙突とは、いったい何なのだろう。そしてその煙に泣くお月さんとは、いったい誰なのか。

大牟田市の中心部のすぐ近くに、与論出身者共同の納骨堂がある。納骨堂は、大牟田市の延命動物園のすぐ横だ。観覧車が目の前に見え、塀のすぐ向こうには、鹿が遊んでいる。

二〇〇八年四月、ここで慰霊式が行われた。

納骨堂の建物の前には、「奥都城」と書かれた石碑がある。「奥都城《おくつき》」とは、日本の古語でお墓のことだ。南西諸島の一孤島、他との交流があまりなかった与論には、日本古来のことばが残っている。この納骨堂は、戦後間もなく、会員たちが資金を出し合って建てたものだ。石碑の前には、一抱えもある大きな石炭が供えてある。会員たちの先祖は、口之津（長崎県島原半島の南端）と三池で、石炭の船積み作業に従事していた。石炭は黒々としてとても立派だ。

まず、みんなが南の与論の方角を向いて一礼する。その後、宮司によって祭文《さいもん》が読み上げられる。与論は神道だ。そして、ひとりひとりが玉ぐしを捧げる。

与論会会長の町謙二さんが、この石碑に向かって先祖に挨拶する。

「タビンチュに負けんごつ、みな頑張っております。どうぞお導きをお願いいたします」

石碑に向かう町さんは六十一歳、表情はいつになく引き締まっている。

「先祖が代々苦労して、今の自分たちがここにある、ということを確認する場所なんですよ。絆《きずな》を確認してまた頑張ろうと。この思いを子や孫に引き継ぐ場所なんです」

大牟田・荒尾地区には、現在五百人の与論会の会員がいる。会員が集まるのは一年に四回。春の慰霊式、お盆、お彼岸、そして正月だ。毎回、東京や関西からも、多くの人たちがここ大牟田に里帰りする。この奥都城は、与論の民がその絆を確かめ合う場なのだ。

先祖の遺骨が納められた納骨堂では、それぞれが、先祖の祭壇にたばこや果物、手作りの料理を供えてお参りをする。子供たちも、大人と一緒に手を合わせる姿が目立つ。

「ここは与論人にとっては、気持ちをひとつにできる場所なんです。みんなが一致団結するために必要だった。遠い島からやってきて、ひとりでも落ちこぼれは許されなかった。仕事がきつくても、脱落していかないようにと、みんなで励ましあったんです。だって、島へ帰ることはできないんだから」

確かに、本土の人間のごく一般的な墓参りとは全く違う。自分の祖先というより、与論から本土へ渡ってきたすべての先祖、ひいては故郷の与論そのものを敬っている。ブラジルやハワイに移住した日系人社会のようだ。同じ日本で、こういう光景が見られるところが他にあるだろうか。

「ここは聖地です」

女性のひとりはそう言うと涙ぐんだ。抑圧された与論の民にとって、先祖は神。神のもとで団結し、逞《たくま》しく生きていくことを誓い合う必要があったのだ。

式典のあとは、納骨堂の前の広場でみんなでお弁当を開き、近況を語り合う。酒が入り、三線《サンシン》と歌が始まる。

島の血を刺激され、あちらこちらから、踊りの輪の中に飛び出してくる人びと。男も女も、奥都城の前で、思うがままにカチャーシーを踊る。島の血はとびきり明るく、開放的だ。これならきっと、納骨堂のご先祖も一緒に踊っていることだろう。一番先に踊り始めた男性が、突然、納骨堂の慰霊碑の前に直立して叫んだ。

「ユンヌンチュでよかった！」

珊瑚礁の島

鹿児島空港から与論島《よろんじま》まで飛行機で一時間。種子島・悪石島《あくせきじま》・奄美大島。天気がいい日には、次々に姿を現す南西諸島を、左右の窓から楽しむことができる。多くの島々の中でも、ひときわエメラルドグリーンのリーフが美しいのが与論島だ。

与論空港に到着すると、まず、与論町役場の池田直也さんに電話を入れた。池田さんが今回取材に同行してくれることになっているのだ。

宿泊するコテージの喫茶コーナーに、ドアをあけて入ってきた池田さんは、よく日に焼けていて、人懐っこい大きな目をしていた。汗を拭きながらアイスコーヒーを飲む池田さんに、今回の大きな目的のひとつである、島の人たちと月との関わりを尋ねると、池田さんはいくつかの興味深い話を聞かせてくれた。

島で人が生まれるのは必ず潮が満ちるときで、死ぬのは潮が引くとき。月の引力によって潮は満ちたり引いたりする。与論には大きな病院はなく、急病や事故で沖縄にヘリコプターで搬送されたりする以外は、多くの人が家で最期のときを迎える。満潮が過ぎると、家族はそろそろだと覚悟を決める。それから寄せる波が小さく静かになっていくのと同じリズムで、人は息を引き取るのだという。

「不思議なものです」

池田さんは、グラスに残った氷を覗き込みながら言った。

「私の子供が生まれるときも、両親が亡くなるときもそうでした。それはもう絶対決まってるんです。与論ではね、月は、島のあらゆるものごとの原点というか、源なんですよ」

与論では、月の満ち欠けをもとにした太陰暦がまだ生きている。漁を生業としている人だけでなく、島に暮らす人全てにとって、海は生活の一部だ。潮の満ち干きは、魚や貝を獲ったり浜で遊んだりすることにとどまらず、人の生き死にや祭礼行事に至るまで深く関わっているのだ。

池田さんが役場の車で島を案内してくれた。鹿児島の最南端、沖縄本島に隣接する与論島は、面積が二十平方キロメートル。周囲二十三キロの小さな島だ。人口は約六千人。人びとは、漁業やさとうきびの栽培などを生業としている。かつては観光地として全国から人を集め、ピークの一九七九年には十五万人が島を訪れ、小さな島は観光客であふれかえった。しかし今はブームも去り、年間七万人ほどがマリンスポーツなどを目的に島にやってくる。

七月。南国の太陽は刺すようで、通りに人の姿はほとんどない。島の人たちはみな日中は暑さを避け、家の中で過ごしているという。

茶花《ちゃばな》漁港の、マングローブが木陰をつくる一角で、数人の漁師が網を繕《つくろ》っていた。午後三時過ぎ。太陽は西に移動し、射るようだった強い光線は随分と和らいでいる。よく日に焼けた男性が頭上を指差した。

「ほら、今あそこに月が出てるでしょう。あれ見ればわかるよ。暦なくても。きょうは何月何日の何時ってね」

太陽と反対側、昼下がりの空には、半月から少し膨らんだ月があった。これまで昼間の月を意識したことはなかったが、島の漁師さんたちにとって月は暦代わりなのだ。

「月がないと困っちゃうよ。仕事できないし」

漁師さんは笑顔を見せた。

サバニ

潮の干満の差が最も大きい満月の夜、島の人びとは浜にでる。急速に潮が干くため、タコやイモガイ、サザエがたくさんとれるのだ。

月明かりの下で魚を獲るこのいざり漁は、昔も今も島の人びとの暮らしを支えている。昔から、島の人たちにとって、月は暮らしになくてはならない存在だった。

岸壁に小さな波がぶつかり、砕ける規則的なリズム。眼を閉じて聴いていると、心が次第に落ち着いてくる。この波も月の引力によるものだ。


与論島は珊瑚礁《さんごしょう》からできており、赤茶色の土にさとうきび畑が続いている。茶色の土を掘っていくと、すぐに石灰質の珊瑚礁に当たる。河川はなく、水は雨が頼りだ。また、島は台風の通り道にもあたり、せっかく育った作物が全滅することもしばしばだった。

家の周囲には石垣がめぐり、あちこちに立派なガジュマルが防風林としてそびえている。

与論島は、島に住み着いた人びとが農耕生活を営みながら暮らしていたが、一二六六年に琉球王国の所属となる。琉球の影響は受けながらも、自然の猛威にさらされやすい貧しい小島は、特段外からの干渉を受けるわけでもなく独自の文化を育んでいった。与論では、大きな樹木や岩石などの、自然物を神の宿る場所として、「御願《ウガン》」と呼び崇拝した。また、自分たちの祖先を神として敬った。自然崇拝と祖先崇拝は、彼らの信仰であり、生きていくための拠りどころだった。島で生まれた人びとは、外の世界を知ることもなく島で死んでいった。

一六〇九年、薩摩が琉球を支配するようになり、与論島民はさとうきびを植えさせられ、過酷に取り立てられるようになる。

与論の民謡にこんな歌がある。

打ちじゃりじゃしょり　誠《まこと》打ちじゃしょり

誠うちじゃしば　ぬ　はじかしやんが

打ち出しなさい。誠を打ち出しなさい。誠さえ打ち出せば、何の恥ずかしいことがあるものか。

民謡の底流に流れているのは、他人を欺くことなく、真心で接する「誠」の心。「誠」こそが、昔から与論の人たちの精神的支柱となってきたのだ。自然の脅威にさらされ、搾取にあえいだ人びとは、助け合い、支えあわないと生きていくことができなかった。生きるための知恵でもあり、誇りでもあり続けた。

池田さんが歓迎会をしてくれるという。会場は役場のすぐ裏の浜。島の人たちは、よく浜で宴会をする。砂の上に敷いたシートに、焼酎やスーパーで買った惣菜が持ち込まれた。総務企画課の竹沢さんは三線の名手。立派な三線を抱えて浜に下りてきた。

漆黒の空に月が上がった。辺りには他に明かりがないから、月は冴え冴えと、海と浜と、そこに在る人びとを照らす。

与論には、与論献奉《けんぽう》という酒の飲み方がある。一同のひとりが座元となり、何合も入るような大きな杯に、なみなみと焼酎を注ぐ。与論では焼酎は地元産の「有泉」である。アルコール度数二十度の黒糖焼酎。そのままの生《き》の場合もあり、水で割る場合もある。受けた側は、飲み干したあと、酒を注いで座元に返す。一通り皆に回すと座元が交代し、また一同に酒がまわる。飲めない人はその旨を伝えれば強制されることはないという。与論を訪れた人にも、この土地独特の作法で酒がすすめられる。少々手荒い歓迎だが、この洗礼をくぐると、島の人と兄弟のように仲良くなれる。

池田さんたちの宴会も、一升びんがみるみる空になっていく。酔いのせいで、竹沢さんの三線の音色に艶が加わり、その声はますます深くなっていく。闇は更に濃くなり、月はその輝きを増していく。与論の人たちにとって、月とは、いったい何なのだろう。

「月は生活ですね。旧暦を知らないと海にも行けない。月が一番明るいし。小さい与論島では、月が一番の頼りです」

「与論を出て行った同胞は、月を見て慰めとしました。月は、万物の原点です」

「夜を照らしてみんなを見守っている。その土地でしか生まれない感覚ってあると思うんです。我々は、お月様のなかで文化が育まれている」

宴の最後は賑やかだ。カチャーシーで締めくくり。手踊り、口笛。浜の宴会は一時間ほどで終了した。

竹沢さんが夜の浜に案内してくれた。草地のなかの道を百メートルほど下りると、闇の中で浜の白砂がくっきりと浮かび上がった。目を先にこらしても暗くて波は見えない。

浜に寝転んだ。寄せては返す潮騒の音ばかりが、圧倒的な響きで全身を包んでくる。規則的な地球の鼓動だ。空には満天の星。そして、月。半月は少しずつ、その膨らみを増していく。しだいに重量を増していくようにも見える。月が孕《はら》んでいる。月はすべての者を、あらゆる営みを包みこむ母のようにも見える。彼らにとって、月とはいったい何なのだろう。そして、私たちにとって、月とは、どんな存在なのか。

I

与論を出た民

1899

口之津へ

明治三十一年台風

与論の民と炭鉱とのつながりは、明治三十一（一八九八）年に島を襲った台風がきっかけだった。官営の三池炭鉱は、明治二十二（一八八九）年に、三井鉱山の所有となった。三井の豊かな財力と、ヨーロッパから導入された近代的な技術で、出炭量は大幅に伸びた。石炭を積み出していた長崎県の口之津港は、船積み人夫の人手確保が喫緊の課題となっていた。そのさなかに、与論島を未曾有の台風が襲うのである。

明治三十一年、与論島を襲った空前の台風は、新築の小学校の校舎をはじめ、多くの民家を倒壊し、その後の旱魃、飢饉、疫病が追い討ちをかけた。『与論島郷土史』（増尾国恵著）には、「この年の台風が去年十一月に新築校舎長さ十五間横五間の校舎大きな柱大きな平桁を以て思ふ存分沖縄の名大工が堅牢を誇って造った学校を倒潰して」と記されている。

また、『三池移住五十年の歩み』（与洲奥都城会編）は、「台風、旱魃、悪疫の大流行という生き地獄に襲われ、死者続出し、一家全員が罹病し、餓死した子を墓穴に葬る力もなく、岩陰にこもぐるみ捨てたる者もあった」と記している。

主食のさつまいもは枯れ、人びとは島に自生していた蘇鉄《そてつ》で命をつないだ。上野正夫著『与論島に生まれて』には、惨状が記されている。

「生の蘇鉄の実は有毒である。解毒には水が要る。旱魃、渇水のため、解毒用水が足りない。そのため中毒死する者や餓死する者が続出した。人々は埋葬する体力・気力を失って死体をこも包みにして風葬に付した。岩陰に骸骨の山積みができる。死臭が潮風に乗って漂う。島は死霊のさまよう生き地獄と化した」

ちなみに蘇鉄は、太平洋戦争が終わる頃まで、さつまいもと並んで島の人びとの主食だった。蘇鉄はでんぷんの塊だ。芯は切り干しして、味噌で味付けして食べられた。与論町役場の池田さんによると、役場も、昭和に入ったころから戦後までずっと、「蘇鉄を植えましょう、育てましょう」というキャンペーンを繰り返し行ったという。

明治三十一年に島を襲った台風。その惨状下の与論島に、口之津港の船積み人夫を確保する対象地として白羽の矢が立てられるのである。

口之津への集団移住の話を持ち掛けられた与論島では、何度も集会がもたれた結果、二百五十人が島を出ることになった。「口減らし」である。人びとが生き残るためには、それしか方法がなかった。

『与論島郷土史』には、「全島の最貧窮者、大負債者等が多くは先発者となり」と記されている。

与論には、もともと、ヤンチュ（家人）制度といわれる身分制度があった。与論は長い間、琉球に所属していたが、江戸時代には薩摩藩に帰属していた。島の人たちは、藩からさとうきびの栽培を強制され、苦しんでいた。年貢を納めることのできない人たちは、集落の富裕層に借りをつくっていく。それがヤンチュ制度の始まりだ。与論の郷土史を研究している竹内浩さんは言う。

「貧しい農民は、島津の取立てが厳しくなると、富裕層から借りて納めるようになる。それが積もって返せないようになると、奴隷になるんですね。身売りしなくてはいけないような状態です。でも、ほとんどの人はいつまでも返せない。終生ヤンチュでいるしかない」

奴隷といっても、もともとは知っている人たち同士。厳しい差別があるわけではなかったという。十五夜や盆、正月は、着飾って、主人の一家とともに楽しんだ。

ヤンチュは、六十歳まで主家に仕えなければならなかった。ただし、三人子供を産み、それらの子が主家に仕えることができれば、六十歳を待たずにこの身分から解き放たれることができた。

だからこのときの出稼ぎ話に応じたのは、ヤンチュが中心であった。三井が借金の返済を肩代わりしてくれるため、やっと解放されるとの期待からである。

　しかしいずれにせよ、島から人が減らないことには、島民が生き延びることはできない。明治三十二年、当時の区長（村長）だった上野応介《おうすけ》氏自ら、島の人たちを率いる形で、島から本土への移住が始まったのである。上野応介氏の娘婿で、氏とともに移住の先頭に立った人物に、東《ひがし》元良《げんりょう》氏がいる。東氏のひ孫にあたる東元良氏は、曽祖父と同じ名だ。ひ孫の東氏は、祖母から、「外の世界を知らなかった島民たちを説得するのはとても大変で、みなが決断するまでには時間がかかった」という話を聞いたことがある。

「どういうところかわからないし、どうなるかもわからないし。曽祖父も、役所をやめて、自分が連れて行く、ということで人を集めた。区長が行くならということで、人びとは決心したと聞いています」

　以降、三回目の移住までで、島のヤンチュはいなくなったと『与論島郷土史』に記されている。

　与論に住む土持《つちもち》俊秀さんは、祖母から、初めて人びとが口之津に移住していったときの様子を聞いたことがある。移住する人たちは、百合が浜から船に乗ったそうだ。当時は、大きな船が停泊する港がなかったため、百合が浜の沖に本船が来て、そこまでは繰り舟が人びとを運んだ。台風の翌年、二百五十人が島を出て海を渡った。「島から外に出たことのない人たちばっかりですからね。よそに送り出す家族の気持ちはいかばかりか、計り知れません。悲しくもあり、心配でもあり。でも反面、希望もあったと思います」

一九七〇年代。与論島ブームで、全国からたくさんの観光客が押し寄せ、水着姿の若者で埋まった百合が浜。ここから与論の民は、悲壮な決意のもと、新天地を目指したのだ。

人びとが渡っていった先は、当時の日本最大の石炭の積出港・長崎県島原半島の口之津だった。当時福岡の三池には大型船の着岸できる港がなく、石炭は対岸の口之津に、伝馬船《てんません》と呼ばれる小型船で運ばれていた。三池から運ばれた石炭はいったん港の貯炭場に下ろされた後、大型船に積み替えられた。当時の口之津港には、バッタンフールと呼ばれるイギリス船籍の船が出入りしていて、三池の石炭はその船で上海や香港に運ばれ、世界の海をわたる船の燃料となった。当時、石炭は日本の輸出品の主力商品だった。

長崎県南島原市にある口之津歴史民俗資料館。ここに、かつて石炭の積出港として賑わっていた頃の資料が展示されている。明治三十年代の口之津港。沖を行き交う大小たくさんの船。五十隻はあるだろうか。当時の港の賑わいが伝わってくる。手前には、広大な貯炭場が広がっている。

当時、与論の民の仕事は、三池から小型船で運ばれてきた石炭を港に下ろし、大型船に積み替える仕事だった。石炭の荷役作業は「ごんぞう」と呼ばれ、彼らは一日中石炭運びに明け暮れた。積み込むときは、小舟から大型船に何本ものはしごをかけ、何十人もの女たちがバケツリレーのようにして石炭の入ったザルを下から上に運び、船に積み込んだ。この仕事は「ヤンチョイ」と呼ばれた。女たちは、「ヤンチョイ、サラサラ、ヤンチョイ、サラサラ」と掛け声をかけながら仕事をした。二十四時間続けて働くことはざらで、三日間連続で仕事をしたとの記録もあると、『三池移住五十年の歩み』は伝えている。

資料館には、当時ヤンチョイをしていた女性の写真がある。女性は四人。かすりの作業着に手ぬぐいをかぶっている。作業着は汚れていて、裸足だ。女性たちはまだ十代だろうか。表情に幼さが残っている。陳列品の中に三井のマークが入った手ぬぐいもある。与論の民の仕事は班ごとに競わされた。一番になった班には、この手ぬぐいが賞品として渡されたという。

島原の子守唄の中に、こんな一節がある。

姉しゃんな　何処《どけ》いたろかい
姉しゃんな　何処いたろかい
青煙突の　バッタンフール

島原の子守唄は、戦後、宮崎康平が作詞した歌謡で、明治時代の島原を歌ってある。

姉しゃんとは、島原半島や対岸の天草などから連れてこられた娘たちが東南アジアに身売りする「からゆきさん」のことである。更にこの歌には、こんな歌詞もある。

姉しゃんな握ん飯で　姉しゃんな握ん飯で
船ん底ばよ　しょうかいな
サンパン船んな　ヨロンジン

サンパン船とは、与論の民が、貯炭場から大型船へ石炭を運んだ小舟のことである。与論の民がヤンチョイで石炭を積み込んだ舟の底には、握り飯ひとつもらって東南アジアに送られる娘が潜んでいたのである。日本の近代化の陰に隠れた貧しい人たちの情景を、この歌は切り取っていた。

従順で勤勉な与論の民は文句も言わず、よく働いた。ふかしたさつまいもを食べ、畳もない土間にござを敷いて、親も子も汚れたままごろ寝をしていた。仕事のない夜は集まって、三線を弾き、島の歌を歌って労苦を慰めあった。三池炭鉱の出炭が増えるとともに、第二次、第三次、と募集が行われ、島から本土へと与論の民は続々と海を渡った。

資料館の展示品の中に、明治時代の「海員人名簿」がある。これは、明治三十二年から三十七年にかけ、三井物産がシンガポールや中国に向けて石炭を運んだ輸出船の船員の名簿だ。このなかには、沖永良部をはじめ、甑《こしき》島、徳之島出身の人たちの名前がある。この人たちは、与論出身者と同じく、明治三十一年の台風被害で、口之津に仕事を求めてやってきた人たちだ。その後三池港が開港して口之津の仕事が減り、彼らもまた、島に戻ったり、違う仕事を求めて他の土地に移ったりしている。しかし、結束して三池に永住することになるのは与論の民だけだった。

かつて三池炭鉱で働き、今も大牟田に住む池畑重富さんの義理の祖父、山田峰富《みねとみ》さんは、最初に口之津に渡ってきた二百五十人のうちのひとりだ。口之津にある歴史民俗資料館には、第一陣の名前が展示されているが、その中に、峰富さんの名がある。

生前、峰富さんは池畑さんに、与論から本土へ渡ってきた頃のことをよく話してくれた。

口之津にて、与論の人々（口之津歴史民俗資料館蔵）

寒い冬も、芭蕉の葉でつくった着物一枚を着て、黙々と石炭を運んだこと。三年間給料を全くもらわなかったこと。

『三池移住五十年の歩み』は、口之津の地元の人たちが、与論から渡ってきた人たちの当時の暮らしぶりを語っている。

「仕事の合間に付近の山畑を耕作して、さつまいもや野菜をつくり、さつまいもを常食にしておりました。家畜として豚や山羊も飼っていました。沖荷役で大型船の場合は帰宅しないので、陸からテンマ船で食事を運んでくるわけですが、さつまいものふかしたのをザルに入れ、味噌を丸めたのを葉っぱに包んでおかずとしてかたわらに入れてありました。子供たちは終日、海や山をかけまわって遊び、汚れたままの着物で、親も子もゴロ寝していました。地元の人たちのかげ口では、豚小屋といっているくらいでした。入港のない夜は、藁を抱えて一ヶ所に集まり作業のわらじを作りながら、三線、太鼓で賑わい、島の民謡を唄って労苦を慰めていました」

「住居は長屋で、中央に通路があり、両側が向き合った部屋になっており、もちろん畳などなく、板張りにゴザを敷いたものであり、カンテラを吊り下げていました」

また、山根房光著『みいけ炭鉱夫』では、与論から渡ってきた古老が当時を述懐してこう語っている。

「朝は六時三〇分着到で七時から作業にかかり、月の大半は残業でした。三ヵ月半（七勘定、当時は一五日勘定で月二回）働いても手取りは一銭もない人もありました。……まったくの盲働き《めくらばたらき》でしたよ」

与論の民の賃金は、地元の人夫より低く抑えられていた。全く同じ労働であるにもかかわらず、地元が四十銭のときに与論の民は二十八銭と、七割だった。作業条件も悪かった。しかし人びとは黙々と働いた。帰る場所はなかった。

Ⅱ　三池炭鉱にて

―― 1910～

炭鉱の差別構造と与論の民

底辺で支えた人たち・囚人の炭鉱

三池炭鉱は、一四六九（文明元）年に、大牟田の北東部にある稲荷山で焚き火をしていた農夫が、燃える石を発見したのが始まりだという伝説が残っている。その後、三池藩が管理していた。

一八七三（明治六）年、三池炭鉱は官営となり、その年に大浦坑が、翌年に七浦坑が開鑿《かいさく》される。当時、三池炭鉱の労働の主力は囚人だった。官営になった時点では五十人の囚人が使役されており、坑外の石炭運搬を行っていた。

石炭は、産業の近代化にはなくてはならないエネルギーだったが、地下での危険な作業に従事する労働力の確保は困難を極めた。明治初期は、受刑者の人権を考慮する時代ではなかった。国家権力によって自由に使役できる囚人はとても都合のいい労働力だったのだ。

三池炭鉱で本格的な囚人の就労が始まったのは、官営になって二年後の一八七五年のことだ。石炭産業を管轄していた工部省三池鉱山局が、九州各県の監獄に対して、囚徒の派遣を要請、これに応じた福岡県、熊本県、長崎県が、それぞれ囚徒五十人ずつを派遣し、坑内での採掘作業に当たらせた。

一八八三年、囚徒の鉱山労働を目的とする三池集治監が完成する。内務省直轄の刑務所だ。完成と同時に、九州、中国の各府県から終身刑の囚人たちが移送されてきて、一八八七年には千人を超えた。八八年には一五六二人に達している。囚徒の数が増えるに従い、採炭量は急速に増加し、三池炭鉱は官営炭鉱の中で唯一の黒字経営を続けた。当時、多くの官営事業は赤字経営で、経営の見直しを迫られており、政府は官営事業の民間への払い下げを決定する。政府は経営状態のよかった三池炭鉱を手放したくはなかったのだが、一八八九年、やむなく三井財閥への払い下げを決めた。

払い下げの頃、三池炭鉱の囚徒数は二一四四人で、坑夫全体の六九パーセントを占めていた。

その頃、各県の監獄のなかには、囚徒は坑内作業に適さないと、三池に派遣をとりやめる監獄もでてきていた。暴動や囚徒同士の殺傷事件が後を絶たず、治安の管理が大変だという理由からである。しかし三井財閥は、政府の後押しを後ろ盾に、囚人の使役の継続を強く要請する。結局、三池集治監と熊本県監獄の囚人は、引きつづき炭鉱で使役されることになる。

三池炭鉱で最も囚徒の使役が多かったのは、集治監に一番近い宮原坑だ。集治監から、朝夕、囚人たちは柿色の囚衣に編み笠姿で、六人一組で鎖につながれ、坑口まで歩いて往復した。坑内での作業は過酷を極めた。衛生状態は非常に悪く、落盤やガス爆発などの事故にも見舞われた。しかも食事は粗末なものだった。一八九四（明治二七）年十一月下旬の集治監の献立表を見ると、朝が野菜の味噌汁、昼は野菜と少量の粥、夕食は里芋などとなっている。坑内馬に自分の食事を分け与えたり、自分たちの処遇を批判した者には減食の罰が待っていた。

三池集治監でも各県の監獄でも、減食処分で余った米は、すべて収益として計上されている。大牟田囚人墓地保存会が発行した創立三十七周年記念誌『鎮魂』には、福岡県監獄や長崎県監獄が三池に派遣していた囚人の残余米について記されている。それによると、一八八〇年七月から翌年六月までの一年間の「残余米」の収入が、それぞれ三百十円前後にも上っている。当時の米の値段は、一升が十銭六厘であるから、約二九二五升（四トン三八七キログラム）になる。

坑内には、切羽に行く途中の両側に、彼らが自らつくったそれぞれの「家」が並んだ。炭壁をくりぬき、坑木や枕木を切って、それぞれの家をつくっていたのだ。入り口には表札もあったという。仕事の安全を祈って山の神をまつる神社までつくっていた。『鎮魂』にはそれらの写真が掲載されている。神社には立派な鳥居もあり、傍らには「御神燈」もある。この鳥居はぴかぴかに磨きあげられていたという。「少しでも人間らしく生きたいと願った彼らの夢」と『鎮魂』は語っている。

また、坑内では馬が石炭の運搬の役目を担っていた。坑内馬の使役は、三池炭鉱では一八七八年に始まり、大浦坑・宮浦坑・勝立坑・万田坑で、炭車や坑木などの資材を運搬していた。坑内には厩舎がつくられ、一度坑内に入った馬は、死ぬまで地上にあがることはなかった。生存期間の平均は二年三ヶ月。暗黒の坑内でいかに酷使されたか、想像にかたくない。

『みいけ炭坑夫』にはこう記されている。

「馬は重い炭函を引いて、全身汗だらけになっているのと、地下水が多いため、湿気が甚だしく、そのうえ、蹄鉄をうっているので本線では信号ベル（五十ボルトの電線）のアースのため感電して死ぬこともちょいちょいありました」

過酷な労働から、三池炭鉱で死亡する囚徒は、一八八五年に全体の四・八パーセント、翌八六年には四・四パーセントと、他の監獄の数倍に達した。

三池炭鉱の大浦坑では、一八八三年に、囚徒が、出口のない坑内で放火する事件が起こり、坑内火災が発生している。出口をふさいだために、囚徒二十四人だけでなく、一般坑夫二十二人、坑内馬四百十三頭が焼死した。集治監が設置されていた四十九年間に、二五九一人の囚人が炭鉱で命を落としている。死因は事故死のほか、病死・変死・縊死・狂死となっている。

富国強兵、殖産興業。日本の近代化は石炭をエネルギーにすすめられた。人命より何より、出炭が優先された。

そのころ、三池集治監の医師・菊池常喜が、囚徒使役の廃止を要求する「意見書」を提出している。

「人若し人命を救うの術を知りて之を黙せんか、其之を死に至らしめたるものと何ぞ択ばん。余坑内圧死の検視に臨み、坑夫性肺労患者の枕頭に立ち、常に此感なき能わず。余已に之を救うの方法を知る。若し之を等閑に附せんか、余は年々数十の人命を虐殺せるものにして国家の大罪人たるを免れさるなり。是れ余が採炭業の囚人課役として不適当なるを絶叫し、速やかに之れが全廃を希望してやまざる所以なり」

医師としての良心から、命を軽く扱われる囚人労働を廃止せよと訴えたのだ。

しかし、この批判を会社は黙殺した。医師は集治監を去り、意見書は封じられてしまう。

会社は、別の意味で囚人労働の再考を迫られていた。囚人は効率的でないとの理由からだ。

『三井三池鉱山財閥史』（野瀬義雄著）にはこう記述されている。

「受刑者の坑夫は低賃金ではあったが、一方、一般に低能率であり、看守護送、逃走防止、諸施設費などが増加し、総じて経費が割高で労務費節約の夢は破れることとなった。その上、『囚徒使役に関する諸種の法令、規則』等が煩雑で、しかも、作業命令が一般民間人の坑夫と二重構造で正確敏速に行われず、世論の非難も多かったため、三池鉱山は明治三十五年以降は、一般民間人の坑夫の募集に努力した結果として受刑者の鉱夫を減少せしめた」

会社側から見て、囚徒は効率的でないということが記されている。そこには坑夫を人間として見る温かさは微塵も感じられない。囚徒坑夫は、一八九八（明治三一）年をピークに減少を続け、一九〇二年には二九六人で一九パーセント、〇八年には一三八人、七パーセントとなっている。

三池炭鉱閉山間近の一九九六年、大牟田市が工業団地の造成をすすめていたときのことである。三池集治監近くの楠の大樹の近くで、大量の人骨が見つかった。

まだ風化していない茶色の人骨が、広さ十二平方メートル、厚さ六十センチの層となって掘り出されたのだ。堂々とした体格と思われる背骨、上腕骨、大腿骨や、虫歯ひとつない立派な歯並びの下顎、そして完全な形の頭蓋骨など、五十体を超える人骨が見つかった。骨は無造作に積み重ねられていた。大牟田囚人墓地保存会は、近くにある古井戸に遺体を投げ込んだものだと見ている。この日の現場の様子について、保存会は、創立三十七周年の記念誌に、「地獄絵でも見るようで、この世にこんなことがあったんだろうかと、哀れでもあり、残酷非道な取り扱いに、激しい憤りがこみあげてきました」「自分の目を疑いたくなるような白昼の現実でした。思わず目をそらし、震える手で、しばらくは声も出なく合掌を続けました」と記している。

誰からも弔われることなく、何十年も地底に棄ておかれた囚徒たち。保存会は、三池炭鉱の発展、ひいては日本の近代化の「人柱」であるとして、毎年供養を続けている。

囚人の使役は人道に反するという風潮が高まる中で、三池炭鉱の囚人労働は、一九三〇（昭和五）年に終焉を迎える。三井は、囚徒から一般の坑夫に労働の中心を切り替えていく。

一九〇〇（明治三三）年、「炭坑夫募集要領」が出された。

「是迄募集致来リ候モノノ内土百姓ニシテ世ニ慣レザルモノハ足ヲ止メ候得共　少シク世慣レタル者ハ皆逃走ヲ企テ甚シキニ至リテハ今夕来リテ明朝ハ既ニ逃走シタルモノ多々有之　斯クテハ到底募集ノ目的ヲ達スル能ハザル次第ニ付　世慣レザルモノノ他ハ断然募集セザル事ニ致申候、就テハ賃銭ノ如キモ此際特ニ増加スル必要モ認メザル次第ニ御座候……」

すなわち、世間のことに無知な農民は、低賃金で重労働でも炭鉱に居つくが、逆に、世間のことを少しでも知っている者は逃走を企てるので、無知な民を雇うべきだ。賃金も上げる必要はない、と言っているのだ。素朴で貧しい農民を囲い込み、安い賃金で働かせることに主眼が置かれたのである。一九一七（大正六）年の三井鉱山の調査「採運炭夫出身地調」によると、四八二〇人の坑夫のうち、熊本県が二一九六人と最も多く、次いで福岡県一二〇九人、鹿児島県四一四人などとなっている。熊本は阿蘇や天草、八代、芦北などが多く、このことからも、低賃金労働に耐えうる田舎の農民を集めたことが伺える。

『三池炭坑夫』には、熊本から募集に応じてやってきた、井本初蔵氏の談話を載せている。

「私達の田舎は熊本の山村ですが、『後山六〇銭　先山八〇銭』の広告が貼ってあり、募集人は一日一円にはなるというので、そりゃヨカぞ、村の宮さんでオハライをしてもらい、馬車に乗って三池に来ましたバイ。ところが来てみると、一か月親子三人で金うけ（給料）が一銭もなかった。……田舎から出た者ばっかりで、どうして掘ってよいかわからず、下がった（入坑）その晩に落盤で死んだ者もいました」

さらに、先の方針は次のように続いている。

「大浦ノ採炭夫ノ如キハ現今ノ賃銭ニ甘ンジテ十分ニ出役致居次第ニ付、当鉱ニテハ可也、此実例ニ基キ土百姓ヲ募集シテ土着採炭夫ヲ作ル方針ヲ取ル方得策ト存候。只々筑豊地方ヨリ時々坑夫ヲ盗ミ来ル者有之候ニ付、之ガ警戒ハ一日モ難怠随テ一方ニハ採炭夫ノ足ヲ止ムル為メニ奨励法等ヲ設ケテ彼等ノ収入ヲ増加スル必要有之、是ハ年来実行致来リ候ノミナラズ時々必要ニ応ジ変更致居候」

大浦坑では、土百姓を募集して実績を上げているから、この実例に基づき、引き続き土百姓を募集することが得策と考えられる、ただ、筑豊地方から時々坑夫を横取りに来るから、警戒のためにも、収入をあげるためにもっと働くよう奨励することが必要だろう、と記している。

筑豊の坑夫のような「世慣レタル者」は、労働条件が悪ければ逃亡を企てるので、「当地方ニ土着永住セシメントスルモノ」を集め、単身者を嫌い、夫婦者を歓迎した。一九〇六年、三池のすべての坑夫における単身者の割合はわずか一パーセントだった。また、中学卒業以上の学歴のある者は一切採用しないとの方針を守り、縁故採用によって安全性を期することがうたわれた。

ここに見えるのは、「生かさず殺さず」の方針。これは、その後も炭鉱の労務政策で続けられる。囚人と同じ仕事をしているという劣等感。一方では、「ヨーロン（与論人を意味する蔑称）よりましだ」という優越感。やっと生きていく程度の金を与え、低賃金で働く労働者を再生産し続けるしくみが、資本が肥えていくためには必要だったのである。

炭鉱では女も働いていた。三池炭鉱の労働を研究してきた新藤東洋男《とよお》さんがまとめた『おんな坑夫』という著書のなかに、詳しくその実態が書かれている。この取材を始めたとき、図書館の資料などで、よく新藤さんの名前を目にした。与論島や強制連行された中国人、女坑夫など、日本の近代化の陰の部分を担ってきた人たちの実態を調査、研究してきた人だ。

新藤さんは現在七十八歳。詳しいことを伺いたいとご自宅に電話を入れ、大牟田駅で待ち合わせをして、コーヒーを飲みながら一時間ほどお話を聞いた。体調が芳しくないということで、あまり詳しく細部に立ち入った話を聞くことはできなかったが、新藤さんは、取材を始める私に、これだけは覚えておいてほしいと、アドバイスしてくれたことがある。それは、三池炭鉱の特徴は、囚人労働がすべての基本、始まり、になっているということだ。

「囚人が基本で、それから、他の坑夫の賃金も、待遇も決められていくんですよ。言いたいこと、わかるでしょ。だからすべてにおいて、待遇は低いし、働く者を人間として尊重していない。働く人間は、常に、囚人と同じ仕事をしているという劣等感を植えつけられ、低賃金政策を甘んじて受けるようになっていく」

このときの新藤さんの鋭い目を、今でもはっきりと覚えている。三池炭鉱の歴史の始まりは囚人労働。私は心に刻んだ。

新藤さんがまとめた『おんな坑夫』。冒頭の写真には、上半身裸の男ひとりと女ふたりが、暗い坑内で石炭を掘る様子が写し出されている。大正期の勝立坑だ。男は先山。石炭採掘の最前線の切羽でツルハシをふるって石炭を掘るのだ。うしろ二人の女は後山。男が掘った石炭をザルにいれ、天秤棒で担いで運び出す。明治から昭和初期にかけ、筑豊などと同じく、三池炭鉱でも女坑夫が働いていた。先山と後山は夫婦や、兄妹の場合が多かった。

先山の男は、兵児帯《へこおび》にねじり鉢巻。筋骨隆々としている。

その後ろの女たち。裸に、紺の兵児帯一枚で、黙々と石炭を運ぶ。丸く柔らかい肩や腿、乳房。地底の闇のなかに白く浮かぶ身体は、柔らか過ぎて、哀しい。

四つん這いにならなければ通れないような狭い坑道では、女たちは牛馬のように、腰にスラと呼ばれる箱をくくりつけて、這って石炭を切羽から運び出した。スラを曳くのは女たちの仕事で、七歳くらいからこの仕事をした。妊娠している女たちにとっては過酷な仕事だった。

裸でスラを曳く女坑夫の絵を、近くにいた私の息子（高校生）に見せると、驚いた様子で「この人たちは奴隷なのか」という質問が返ってきた。私は女坑夫のことを奴隷だと意識したことはなかったが、どんなに働いても、地底から這い上がることのできなかったこの坑夫たちは、資本主義社会の奴隷だったといっても過言ではないのではないか。

しかし、坑夫たちはよく働いた。『みいけ炭坑夫』には、女坑夫の記述がある。

「昔のおなごし（おなご衆）は強かったですね。私は入社した時は、第一線の切羽で、男同様に働いていました。採用時に支給された巾《ママ》一尺、長さ一尺の褌をきりっと締め、髪は手ぬぐいで汚れぬように巻き、汗拭きの手ぬぐいを首にかけて、乳房をぷりぷりさせ、ほとんど全裸同様です。賃金も男の後山と同一でした。そのかわり、荷い物でも何でも元気パリパリで、まごまごしよる男なんかかなわんくらい働いとりましたよ」

子供も働いていた。『みいけ炭坑夫』から拾ってみる。

「尋常小学校を卒業したばかりの、数え年十三、四歳の、骨がまだかたまらぬ子供が、大正時代、大の男と一緒に働いたが、可哀そうなものでした。賃金は大人の七合から八合だったが、作業量はそうたいして変わらず、石炭を一杯入れたバラを荷って、腰を切る（上げる）ときなんかうまくきれず、また仕事のかかりはじめはどうにかやってゆけるが、炭函のくる積み場まで遠いところを何十回と往復するうちには、肩が痛むし、腰がうずく等で右に左にヒョロヒョロしながらも、歯を食いしばって一生懸命頑張っていたようです。それでも、係員や先山は冷淡に、仕事が満足にできんごたるなら帰れ、と怒鳴ってこなし（いじめ）てました。泣いた涙を拭こうと思っても、両手は粉炭で真っ黒だから拭くこともできず、落ちる涙は流しっぱなし……」

そして、土百姓として、集団として目をつけられたのが与論の民だったのである。第二の囚人労働と表現する研究者もいる。一八九八（明治三一）年の台風被害をきっかけに、三井からの誘いに応じて口之津へと海を渡った人びとは、募集が終わる一九一六年までに、合わせて二千人に及んだ。貧しい民は、生きるために、資本に取り込まれていったのだ。

口之津から三池へ

官営から三井の所有となった三池炭鉱は、一九〇二年、三井がヨーロッパの技術の粋を集めてつくった万田坑が掘削を始める。日清戦争、日露戦争に勝利した日本が、更なる大陸進出を目指し、そのエネルギーの生産を急務としていた頃だ。東洋一とうたわれた第一竪坑に続き、第二竪坑が掘削を始める。

一九〇一年には八幡製鉄所が開業している。日清戦争の賠償金でつくられた日本最大の製鉄所だ。三池の石炭の需要は急激に伸びる。製鉄、機関車、船舶。その燃料の大半は石炭。石炭の増産は、近代国家づくりに必要不可欠のものだった。

一九〇八年、万田坑第二竪坑の開鑿《かいさく》と機を一にして、大型船の着岸できる石炭の積出港、三池港が完成する。

有明海は干満の差の大きいところで、大型船の就航が難しいと見られていた。当時の三井鉱山の経営者・團琢磨《だんたくま》は、閘門《こうもん》と呼ばれる堰を設け、引き潮のときでも船だまりに一定の水位を保つよう工夫した。團は、専用鉄道の敷設などインフラ整備にも力を注ぎ、三池鉱山の利益は三井物産と肩を並べるまでになる。三池炭鉱は三井財閥のドル箱と言われた。三池の石炭は、財閥の基礎を築いたのだ。

三池港の開港によって、石炭の積み出しはそれまでの口之津から、大部分が三池に移った。与論の人たちが口之津へ移住してちょうど十年後の、一九一〇年のことだ。与論出身の人たちは、口之津から三池に渡るか、与論に帰るか、選択を迫られる。

『三井鉱山五十年史稿』（三井鉱山五十年史編纂委員会編）によると、当時の口之津には、家族を含めて一一二六人の与論の民がいた。せっかく口之津での仕事に慣れたのだから、ここで仕事をしたいという者、どんなに働いてもわずかな蓄えもできない現実に落胆して島に帰る者、三池で新しい故郷をつくろうという移住組に分かれ、結局、七十三人が口之津に残り、六二三人が与論に帰り、四二八人が三池に移ることになった。移住組は、住まいが与えられること、子供たちのための学校をつくること、などが条件として提示され、再移住を決心したのだ。

当時、与論の民の勤勉さは定評があった。『三井鉱山五十年史稿』には次のように書かれている。

「荷役人夫の従順、精励、迅速、正確、搔並の平準なることは、当時、積取汽船間でも評判であった」

三池でも、島の人たちの仕事は「ごんぞう」だった。毎日毎日単調な石炭運び。他の仕事に就くことは許されなかった。

三池港での与論の民の主な仕事は、坑口から運ばれてくる石炭を貯炭場におろし、それを、塊、小、粉、と分ける選別作業（切り出し持ち直し）と、逆に、それを炭車や貨車に積み込む作業（入函）、そして、港へ入ってきた船へ、燃料としての石炭（バンカー）を積み込む作業であった。

ここに、一枚の写真がある。ごんぞうをしていた有元ハナさんが所蔵しているもので、夫の元勇さん（故人）が以前撮影したものだ。

貯炭場で仕事をする与論の民。選別するのは女の仕事だ。女たちは、絣の着物に前掛けをして、蓑笠をかぶっている。自分の身のまわりに七個のバラ（竹かご）を並べ、それぞれの中に選り分けた石炭を入れるのだ。女の頭ほどの大きい塊、それより一回り小さい塊、粉のような小さいものの入ったバラもある。石炭を選別するふるいも見える。

なかにひとりだけ、男がいる。天秤棒を肩に担ぎ、腰を曲げて、バラを天秤棒の先に引っ掛けようとしている。天秤棒は六尺（およそ一八二センチ）で、六尺棒とも言われた。男たちのそれぞれの手作りだ。肩に担ぐ中央部が太く、先は細く、引っ掛けやすくなるよう工夫した。男は着物にハンチング帽に足袋。首には手ぬぐいを巻いている。他にもうひとり男がいた。こちらは洋服に靴。短い棒を手に、人びとを監視している。有元さんは、作業を俯瞰《ふかん》する高いところから、同郷の与論の民の写真を撮っていたのだ。手前で仕事をしていた女が有元さんに気づいた。立ち上がってにっこり笑った。写真の背景は、一面、漆黒の貯炭場。働く女の、白く健康な歯が際立つ。女につられて、天秤棒を担ぐ男も有元さんに気づき、中腰で見上げて笑顔になった。陽に焼けた顔。まっすぐこちらを見て笑っている。働く者の美しい笑顔だ。

選別作業

荷役積み込み作業

選別した石炭を、貨車や炭車に積み込むのは男の仕事だ。頭上には高架が敷かれ、炭車や貨車が走っていた。そこへはしごをかけてのぼって積み込むのだ。はしごは三間、およそ五・四メートル。六尺棒を肩に、調子をとりながら男たちははしごを上り下りした。待っているもの。下りてきたもの。写真の中の男たちは十数人だ。着物姿の男もいれば、肌着に腹巻姿の男もいる。この写真にも、棒を手に監視する男がいる。

「三間はしごの渡り鳥、といわれたもんですよ」

埼玉県川口市に住む、川田孝吉さんが言っていた。

「三間って一口に言っても、十六段。屋根くらいある。朝は八時から作業を始めるけど、船は何千トンでしょう。人力だからね、夕方終わるときもあるし、残業のときもあるし、全然決まっていない。一日中同じ仕事を終わるまでするんですよ」

一日どれだけ、三間はしごを上り下りするのだろう。

入港してきた船への燃料の積み込みも、与論の民の仕事であった。沖に停泊している船に石炭を積み込む作業である。積み込まれる場所はバンカーホールといって、深くて危険だった。夏は甲板の鉄板が太陽でやけて、中は蒸し風呂のように暑かった。

出炭が増えるにつれ、船の出入りも増え、与論の民の仕事も多忙を極めた。積み込みが終わらないときには、船はそのまま出港し、作業をしている与論の民も一緒に港を出た。作業を終えるまで、船は沖に停泊する。作業が終わると、人びとは迎えに来た小船に飛び乗り港へ帰る。積み込みを待って、本船が何隻も沖に停泊していることもあった。この作業は、どんな天候でも中止されることはなかった。荒れ狂う海での作業はとても危険で、海に落ちる人もいた。仲間を助けようとすると、「人間ひとりくらいが何だ」と監督の男から怒鳴られたりした。

炭鉱の差別構造

三池移住以来、与論の民は、三池港の近くの西港町の長屋に集団で暮らしていた。女たちは頭にものを乗せて運び、地元の人にはわからない島言葉が飛び交った。それらは、本土の人間には、珍奇なものとして映った。遠い島から口減らしとしてやってきた与論の民は、差別の対象となっていく。「福岡日日新聞」(現在の西日本新聞)に、地元の人びとが彼らをどう見ていたかが窺える記事が載っている。一九一三(大正二)年九月四日から十日まで、「三池の与論村」と題して、五回にわたって連載している。五回とも「全く鎖国主義の一部落」という副題がついている。

記事には、「垢に染まった五体を真っ裸にして、焼酎の酔いに浮かれ、単調なぐにゃぐにゃした踊りを踊っていたのは、全く日本人種の間にこんなのがあるかなあと不思議がらぬ者はなかったという」「今に至っても他との交通がないだけに、特筆すべき珍奇な風俗習慣が今もなお、この納屋のうちに行われ、全然別世界の観を呈している」などと記されている。

本土とは違う言葉を使い、島の唄や踊りで仕事の疲れを癒す姿を、周囲は奇異なものを見る目で見ていたのだ。

西港町長屋は、一九三九（昭和一四）年、埋立地に新港町社宅が建設されるまで存在した。与論出身の池畑重富さんは、西港町で暮らしたことはない。でも、この長屋のことは親からよく聞いていた。与論の民が暮らす長屋だけに柵があった。池畑さんは、他との接触を絶つためだったと思っている。与論の民の暮らしを知れば、自分たちのおかれた貧しい暮らしに疑問を持つことになるからだ。社宅の入り口には事務所があって、与論の民がそこを通るときは、毎回リヤカーの中身を見せなくてはならなかったそうだ。

そんななかでも与論の民は、文句も言わずよく働いた。荒尾市に住む池田スミさんは現在八十五歳、荷役作業をしていた両親がいつも口ずさんでいた歌を覚えている。「汗水節《あしみじぶし》」という沖縄の民謡だ。夫の住雄さんと一緒に歌ってくれた。

汗水《あせみじ》ゆ流ち　働ちゅる人ぬ　心嬉《くくるうり》しさや　他所《よそ》ぬ知ゆみ
一日に五十《ぐんとお》　百日に五貫《ぐぐわん》　守《まも》て損《そこ》ねるな　昔言葉《むかしくとぅば》
心若々《くくるわかわか》と朝夕《あさよう》働きば　五六十《ぐるくじゅ》になても　二十歳《はたち》さらみ
老《お》ゆる年忘《としわし》て　育てたるなるし子《ぐわ》　手墨学問《てじみがくむん》も　汎《ひろ》く知らし

「昔の歌ですよ。親がいつも、晩酌しながら歌いよらした」

汗水流して働くことの嬉しさは、働かない者にはわからない
一日に一厘、百日に十銭、守って忘れるな昔の言葉
人の仕事も自分の仕事と思って働きなさい。働けば、心はいつも二十代だ
朝夕働いて、生み育てた子供には学問をさせなさい

働くことを心から愛する歌だ。与論の民は厳しい労働を黙々とこなした。

池田スミさんも、子供の頃から、たきぎとり、草刈りと、できる仕事は何でもした。

「汗水流して働くと嬉しくてたまらんて、年がら年中、聞かされとったですよ。そりゃあ、きつくてたまらんだったですよ。泣きたかったですよ。でも、生活があるから働かんとでけんて、自分に言い聞かせてきたですよ」


武松輝男さんは、三池炭鉱の研究家としてよく知られる人だ。大牟田から車で一時間ほどの筑後市に住んでいる。ドアをあけると、長身の武松さんが穏やかな笑顔で立っていた。七十八歳、白髪交じりの蓬髪《ほうはつ》がいかにも研究者らしい印象だ。面立ちも声もとても優しい。武松さんの部屋の多くを占領していたのは、これまで武松さんが集め、独自につくった資料の山だ。ファイルは何百冊あるのだろう。膨大な量だ。そのファイルの一枚一枚には、三池炭鉱の全体図、坑夫の賃金比較、炭鉱住宅の間取りなど、分析の材料になる詳細な資料をはじめ、戦火の拡大と炭鉱の拡がり、炭鉱での差別構造など、独自の考察が記されている。中でも書棚の多くを占めていたのが

中国人・朝鮮人の強制連行、囚人労働、坑内馬の調査資料だ。

　資料を見ながら武松さんの話を聞いていたとき、一枚の武松さんの手書きの資料に目がとまった。与論の民の賃金と、囚人坑夫、そして当時良民坑夫といわれた一般の坑夫との賃金の比較だ。それを見ると、与論の民の置かれた差別的な現状がはっきりと浮かび上がってくる。

　与論出身者の賃金を他の労働者と並べた資料は残っておらず、武松さんは、与論出身者がまとめた『三池移住五十年の歩み』と、他の労働者の賃金表を比較するかたちで考察している。『三池移住五十年の歩み』によると、一九一九年九月の賃金について、「男性が一日当たり三十九銭に手当て十六銭がついて五十五銭、女性が、二十七銭に手当て十三銭がついて四十銭」であったと記されている。武松さんは、この賃金と、同じ九月の「三池炭鉱一日当賃金」を比較している。それによると、与論の民と同じ坑外の仕事だと、職種によって六十三銭から一円三十九銭となっており、いずれも与論の民より高い。坑内だと九十七銭から二円四十銭となっており、与論出身者と更に大きな開きがある。

　囚人坑夫の賃金と比較すると、坑外では、鍛冶工が四十四銭、坑内の支柱夫が四十五銭、大工が四十三銭、雑役夫が三十四銭などとなっており、与論の民より安いが、棹取夫と馬夫はほとんど同じで、坑内作業の採炭夫と運炭夫は与論の民の賃金より高い。

　武松さんは、連載していた三池労組の機関紙のなかで、与論の民について、「囚徒坑夫を除いた、三池炭鉱労務者の最も低い賃金に据え置かれていて、差別の根幹を担わされている」と結論付けている。囚徒坑夫は、個人に入る金額はわずかで、多くは収監されていた刑務所に入った。坑外坑内の差があるとはいえ、職種によっては、与論の民は囚人より安い賃金に据え置かれていたのである。

これについて、武松さんは、与論の地理的・歴史的成り立ちを踏まえ、与論の民が日本人とはみなされていなかったからだと分析した。囚人は、いくら罪を犯したとはいえ、日本人の枠の中に入っていたと言うのである。もともと与論は琉球王国に所属し、政策的に差別された事実もあったのである。これについては後述する。

武松さんは、三池炭鉱の歴史、とりわけ負の部分を研究し続けてきた。囚人労働については著作も多く、中国人の強制連行では裁判の証言台にも立った。

もともとは三池炭鉱のレンガを補修する部署で働いていたが、三十四歳で組合活動に入り、労働組合の機関紙で、囚人や中国人・朝鮮人の使役や与論の人たちの待遇など、炭鉱の暗部を告発し続けた。そのため、三十八歳のときに、配置転換となった。デスクワークで、何も仕事を与えられなかった。

「暇なんですよ。暇ほどきついものはない」

そこで武松さんは、会社の内部資料を手書きで写していく。

「課長や係長の前では従順にしておいて、おとなしく、会社のことを勉強しているような姿を見せておくんですよ」

そのうち、外には絶対に出せないような資料も、同僚がこっそり渡してくれたりした。従業員の中にも、会社のことを告発したいという思いを持つ者は少なくなかった、と武松さんは感じてきた。

武松さんは精力的に会社の資料を集め、それらをもとに独自の資料をつくっていった。仕事から帰ってからも、夜中の三時、四時まで資料をつくる日が続いた。

武松さんによると、給料はとても安かったそうだ。

「炭鉱は高そうに見えて安いですよ。私の賃金もわずかなものだった。生活保護ぎりぎり。やめるまで上がらなかった。資本とはどういうものかはっきりさせたほうがいいと思っていたし、許されない怪物だと思っている」

会社に勤めながら三十年。退職してからも含めると六十年。武松さんはずっと資本と格闘してきた。

武松さんが、とりわけ炭鉱を底辺で支えた人たちに目を向けたのは、実は妻が与論出身だったことと関係がある。妻は、与論出身者ということで就職の内定を取り消されるなど、差別に苦しんだ。また、一度も自分の父親を武松さんに会わせなかったという。武松さんは妻を通して差別を身近に感じてきたのだ。

「妻が与論出身でなかったら、ここまで差別の問題にのめりこまなかったかもしれません」

武松さんが、与論の民をはじめ、朝鮮人・中国人、また囚人たちに関心を寄せ、その過酷な実態を告発する作業を、妻は傍らで必死に支えてきた。夫が幾度となく会社に呼ばれ、警察から取り調べを受け、誰からか尾行されて身辺が危ういと感じても、動じなかったという。嫌がらせの電話がかかってくると、妻は逆に相手を説得した。代わりに自分が警察に行くと言ったことも幾度もあったそうだ。永い間病床にあり、既に亡くなったが、武松さんは妻を看病しながら調査研究を続け、新聞やミニコミ誌を通じて告発し続けた。妻は、与論の父に武松さんの研究を送りたいと、涙を流して喜んでいたそうだ。数十年に及ぶ武松さんの活動は、妻の励ましに支えられた。

武松さんは、私のインタビューを受けるまで、妻が与論出身であることを明かしたことはなかったそうだ。妻も絶対に言わなかった。

「妻も亡くなって随分たつし、もう許してくれるでしょう」

太平洋戦争が始まると、当時の日本の植民地である朝鮮半島からも、たくさんの朝鮮人が日本に連れてこられた。朝鮮人と与論の民の賃金を比較すると、朝鮮人の方が高かったと武松さんは言う。

「植民地とはいえ、朝鮮人も、日本人の枠の中には入っていませんでした。でも、朝鮮人の中には日本人の九割の給料をもらった人もいました。与論の人じゃ考えられない」

与論の民は、荷役を運ぶ「ごんぞう」以外の仕事に就くことは許されなかった。

しかし、どんなに搾取されても、住む場所を与えてもらっただけでありがたいと、文句を言わず黙々とよく働いた。

もともと飢饉で島を出ざるを得なかった人びとである。炭鉱は生き延びるための唯一の場所だったからだ。住む場所と食べていくのがやっとの賃金を与えれば、出て行くこともできず、ずっとそこで働き続けるしかないのである。一家の働き手である父親が病気などで働けなくなると、一家は社宅を出て行かなくてはならなかった。勢い、子供が働き手として後を継ぐわけだが、会社にとっては、学歴も低いほうが使い勝手がよかったのであろう、与論島労働者の子弟は、三井三池小学校三川分校を卒業したあと、高等小学校への進学すら阻まれたという。そうやって、与論の民は、親から子へ、そして孫へと仕事を引き継ぎ、会社としては、安価な労働力を永きにわたって確保することに成功したのである。

会社は、移住当初から、与論の民の子弟が高等小学校に進学するのを嫌っていたという。山根房光著『みいけ炭坑夫』には、こう記されている。

「世話方が、小卒でも人夫として採用するといって進学を阻止したり圧迫したりしたのである。その上、高等小学校は約一里半も離れた駛馬《はやめ》村にしかなく、たとえそこを卒業しても絶対に船積夫以外に採用されなかったので、高等小学校に進学する者はすくなかった」

一九一一（明治四四）年、港クラブの西側にあった四山《よつやま》与論納屋の中に、分教場が設けられた。三川分教場と呼ばれ、与論出身者の子弟が通う学校だった。一般の公立小学校にならって、国語、算術、音楽などがあったが、同時に内地同化教育も行われた。堀円治さんはこの分教場で学んだ。校長が与論出身の人で、この人から「与論の言葉を使わないように」と指導されたことが強く記憶に残っている。

「いわゆる同化運動だったんですね。故郷の言葉も使えないとはどういうことなのだろうと。自分たちはそんな身分なのかと随分悩みました。堂々と自分の言葉を話す大人になりたいと、いつも思っていました」

現在八十九歳の堀さんは、当時を振り返って苦渋の表情を見せた。当時与論出身者は、頭にものを載せて運んだり、島言葉を使ったりすることで、地元の人たちから差別的な目で見られていた。地元の人に同化しようと、与論の民は自分たちの言葉や風習を改めようとしていたのだ。

『三井鉱山五十年史稿』にはこう記されている。

「彼らは不潔の代名詞となり、一般人と隔絶した低級生活を営み、言語、風俗、習慣を異にするため、三池では、特にその子弟のみを収容する三川分教場を設けたほどであり……」

会社も、彼らを冷たい目で見ていたことがわかる。

三川分教場は、その後一九三六年の三川坑開鑿に伴って、社宅が埋立地の新港町に移るまで存続した。新港町に移って初めて、与論の子弟は地元の子供たちと同じ川尻小学校に通うことになる。大牟田市立川尻小学校のホームページの沿革に、「昭和十一年四月一日、三川分教場から一一三人編入」と記されている。そこでも差別が待っていた。

服従ハスルモ屈服スルナ　常ニ自尊ヲ持テ

第一次世界大戦の好景気のもと、一部富裕層が誕生して投機ブームが起こり、米の相場が急騰する。庶民は米を買えず困窮した。一九一八（大正七）年、米の値段の急騰に富山県の女たちが怒りを爆発させたことに端を発し、全国に広がった米騒動は、三池炭鉱にも飛び火している。坑夫たちの中に、自分たちの置かれた状況に疑問を持つ者が出てきたのだ。宮浦坑・宮原坑・大浦坑・万田坑で、坑夫たちの暴動が起こっている。特に、九月四日から八日にかけて万田坑で起こった暴動は、千人の坑夫に家族も加わった大規模なものになった。坑夫たちは、炭鉱納屋事務所と坑夫の繰り込み場を襲撃して、昇給と、売店の日用品の値上げに対する抗議を行っている。この米騒動は、その後、大正デモクラシーへと続いていく。

米騒動は、会社に労働者対策の必要性を実感させることとなった。三井鉱山は一九二〇（大正九）年、全国の事業所や鉱山に「共愛組合」を結成させた。共愛組合は、会社側の代表と労働側の代表が懇談して平和的に問題を解決する、家族経営主義的な機関として発足した。あくまで会社の都合によって設けられたものであって、賃金について話し合う余地はなかった。

一九二三年、会社が一方的に三〇パーセントの賃金の引き下げを強行したため、翌年、大牟田の労働者が、共愛組合の撤廃を要求してストライキを決行した。六八三三人が参加し、争議はひと月余りに及んだ。

しかし、与論の民はひとりもこのストライキに参加していない。自分たちより優遇されていて、日頃自分たちを小馬鹿にする階層の出来事でしかなかった。逆に与論出身者のなかには、会社の命令で警戒に駆り出された者もいた。そのなかには、巡回中のピケ隊につかまり、殴られて逃げ帰った者もいたという。会社への抗議もなくはなかったが、この時点では、まだ自分たちだけの行動であって、他の労働者の仲間には入れてもらえなかった。

このストライキ以降、会社の労務政策はさらに巧妙になっていく。職員と鉱員の身分格差を拡大し、職員への昇格を餌に、鉱員の会社への従属を推し進めようとしたのだ。職員になれば独立した一軒の家が与えられ、給与は鉱員の一・八倍から二倍に跳ね上がった。さらに一年に四回のボーナスももらうことができた。共愛組合の売店で購入できる金額が増え、自宅まで配達してもらえることにもなった。職員だけが許される胸のバッジをつけることもできた。昭和初期まで、職員は地元では「役人さん」と敬称で呼ばれていたのだ。

三池炭鉱を研究してきた武松さんは、このような三井の労務政策をとても巧妙だと言う。

「努力すれば、自分にも手が届きそうな餌を目の前にぶら下げるんですよ。その階層はいくつもいくつもありました。みんな少しでも上がいいから、努力するんです」

また、鉱員を監視する「世話方」制度が強化された。世話方は、鉱員の出勤状態だけでなく、家族構成、縁故、思想に至るまで目を光らせ、調査票を作成した。私的な旅行でも、世話方がいちいち旅行券を発行し、日常生活全般を管理した。

昭和に入ったこの頃は、最初に口之津に渡った世代の子供が成人する時期で、第二世代の時期に入ったといえる。彼らはテニスをしたり、流行の音楽に親しんだりした。若い世代を中心に、自分たちの風習を改め、内地の人間に近づこうという動きが高まっていく。帯を前に結んで垂らすことや、頭にものを載せて歩くことをやめること、与論の言葉を自粛すること……、若者の有志が中心となって、これらを与論出身者に呼びかけた。内地の人間に追いつき追い越すことを目指したこの取り組みは「生活改善運動」と呼ばれた。

しかし、うまくいかなかった。外からの差別に、与論の民は結束したが、逆にそれは排他的になっていくことにつながった。一生「ごんぞう」の境遇から抜け出せないという絶望感のなかで、皆長屋を出て自分の家を持つことを夢見た。成功して、外に自分の家を持った人もなかにはいたが、それはねたみの原因ともなった。

この悪循環を打破しようと、一九三八（昭和一三）年十一月三日、若者たちが中心となって、与洲《よしゅう》同志会を結成する。今の与論会の前身だ。結成の宣言には、その理由が次のように書かれている。

「四十年の歳月を経、一千六百人余の人口を抱擁すといえども殆ど総てが終始一貫船積人夫として労働し、住居又与論長屋と称する一か所に集団し、其の生活は全く地方人と没交渉にして、為に真実の与論同胞が理解されず、一種特殊人種なるが如き誤解を招く……」

そのうえで、綱領は、次のように掲げられている。

一、我等ノ行動ハ、与論精神タル至誠精神ニ基ルコト
一、我等ハ各自ノ職場ニ於テ同僚ヨリ一倍半ノ努力ヲナスト共ニ災害ノ防止ト能率増進ニ関スル研究ヲナスベシ
一、与論ノ歴史ト生活ヲ研究シ機会アル毎ニ地方人ニ対シ与論ノ正シキ理解ニ努メ向上発展ニ努ムベシ
一、従来ノ与論ノ生活ニ対シ検討ノ上新生活方法ヲ樹立スルモノトス
一、服従ハスルモ屈服スルナ　常ニ自尊ヲ持テ

与論の民の魂である「誠《まこと》」の心で人に接しながら、人より努力すること。周りの人間に与論について正しい知識を広めていくとともに、自分たちの生活も、見直すべきところは見直さなければならないとしている。そして、仮に服従することがあっても、決して屈服はするまい。与論の民という誇りを持ち続けていこうとうたっているのである。

この与洲同志会は、その後、「奥都城《おくつき》の会」と名を変える。奥都城とは墓のことで、この地へ

の永住を決めた与論の民にとって、先代を供養する納骨堂の建設が大きな課題となったからである。この「奥都城の会」という名称は、納骨堂の建設が実現してからも、長く続くことになる。「与論会」という現在の名称になるのは、一九七七年のことである。

与論の民としてのアイデンティティー

与論の民に向けられてきた冷たい視線と、貧困。これらの逆境が、彼らを結束させ、与論の民であることを否応なく自覚させた。

三池港の近く、かつてガス爆発事故の起こった三川坑の近くに、与洲《よしゅう》会館がある。もともとは職員住宅だったところを、閉山後も無償で貸してもらい、与論会が活動の拠点としてきたところだ。与洲とは与論島のことだ。四畳半の部屋が二間と台所。随分古いが、ふすまに立てかけた数棹の三線が、しっくりと炭住のたたずまいに馴染んでいる。与論会では、毎週ここにメンバーが集まり、三線を弾き、島の歌と踊りの練習をしている。三線の名手、竹さんの演奏にあわせ、大人も子供も、与論小唄やデンサー節など島の歌を歌い、踊る。

私はここに来ると、いつも島に旅をしたような気分になる。三線の音に重なって、波の音まで聞こえてくるような気がするのだ。

「大牟田は、与論より与論らしい」。取材で通った与論島で、幾度となく聞いた言葉だ。

与洲会館での練習は、毎週日曜日。午前中から始まり、昼食をはさんで午後もたっぷり行われる。休憩に入ると、森清子さんは、全身の汗をタオルで拭きながら笑顔で話した。

「ここに来ると、島の血が騒ぐんです。自然に身体が動いているんですよ。子供、孫に代々引き継いでいかなくてはならない場所です」

踊りの練習を見ていた田畑重美さんも、無意識のうちに身体が動いている。

「ここに来ると、ほっとするんです。自分は与論出身の人間だという感覚を持って帰るんですよ。抑圧されても、プライドがあったから、つぶれなかったと思いますよ」

彼らが生き抜く拠りどころとなったのは、一度は消し去ろうとした島の言葉や文化だった。


一九三六年、与論の民の社宅は新港町の一角に移った。新港町は、石炭のボタで埋め立ててつくった街だ。

新港町は、三川坑社宅と港務所社宅とに別れていた。三川坑社宅には、三川坑の坑内で働く人たちとその家族が暮らし、港務所社宅は、そのほとんどが、港で荷役作業をする与論出身者たちだった。

与論出身者は、会社直轄の雇用ではなかったから、全体の仕事量が減ったときはすぐに影響を受け、賃金は不安定だった。低賃金を補うため、会社は、新港町に一人当たり三十坪の土地を貸して野菜をつくることを奨励した。畑は美名登《みなと》農園と名付けられ、社宅から海水浴場までの埋立造成地に、一九三二年八月に造られた。

　農園の中央には、三井が賓客をもてなす場としてつくった港クラブのゴルフの練習場があった。その休憩所には一本のマストが立てられて、与論の民に入船を知らせた。新港町に住んでいた堀円治さんは、いつも気をつけて旗を見ていた。

「遠出するわけにはいかん。見えるところにおらんといかんとです。潮干狩りしよっても、畑しよっても、時々見て、旗があがっとったら、明日船が入るという印なんです。さっさと帰って明日の準備をせんといかんとですよ」

　与論の民が暮らす新港町は、与論島がそのまま大牟田に出現したような一角だった。

　島の言葉が行き交い、神道で先祖をまつった。十五歳を祝う十三祝《じゅうさんよい》、九月の十五夜には、子供たちはトゥンガモーキャー（135頁参照）を楽しんだ。お年寄りを大切にする与論の人たちは、敬老の日には演芸会を開いて、大々的に親たちの長寿を祝った。

　与論の人たちの中には、豚を飼う人も多かった。餌を集めるために、旅館や商店などに残飯を入れる桶を置かせてもらって、朝早くからリヤカーをひいて集めてまわった。

　雪の日も、炎天下も、雨が降っても、黙々と荷役作業をした。

「夏は暑《あつ》して、暑して、ばっちょ笠かぶって仕事をしよったですよ。お茶をバケツに入れて、漬物と塩を持ってきてね。雨が降ってたら、蓑笠かぶって選別してました。よう病気せんかったと思いますね」

新港町・与論の民の運動会（昭和30年代はじめ頃）

一九四一年には太平洋戦争が勃発、輸送船団の入港が激増し、岸壁の倉庫は軍需品でいっぱいになった。海軍の武官府も設置され、三池港は軍港と化した。

与論の民は、空襲を知らせるサイレンが鳴ると急いで持ち場を離れて避難し、敵機が過ぎ去ると、またすぐにもとの持ち場に帰って仕事をした。

新港町には、強制連行された中国人や朝鮮人の収容所もあった。戦争で徴兵にとられる日本人男性のかわりに、中国や朝鮮半島から、労働者を強制的に連れてきたのだ。新港町に住んでいた池田スミさんは、当時の複雑な気持ちを語った。

「中国人やんね、朝鮮人やんね、って私たちも見下げて見よったですよ。身なりで見分けて、離れて見よったですよ。今思うとね、私たち与論人も差別されとったのにね」

オーストラリアやアメリカ、オランダ、イギリス人の戦時捕虜の収容所もあり、彼らもまた、港や三川坑で過酷な労働を強制され、与論の民とともに石炭の荷役作業を行った。

新港町に住んでいた池田喜志沢《きしざわ》さんは当時を振り返って、新港町を「人種のるつぼのようだった」と表現した。

「今思うと、なんてとこだったんだと思いますね。あんなとこ、他にありませんよ」

ちなみに、新港町にあった福岡俘虜収容所第十七分所には、フィリピン「バターン死の行進」の生き残りの俘虜五〇五人を、三池炭鉱で働かせるために連れてきている。「バターン死の行進」

は、第二次世界大戦中、日本軍のフィリピン侵攻作戦で起きた。フィリピンのバターン半島で、日本軍に投降したアメリカ軍・フィリピン軍捕虜を、収容所のあったサンフェルナンドまで八十八キロ歩いて移動させたため、病気や虐待などで、およそ一万人が死亡したと言われている。

福岡俘虜収容所第十七分所の所長だった由利敬《ゆりけい》は、日本初のB級戦犯として、巣鴨プリズンで処刑されている。死刑判決の理由は、逃亡常習癖のある捕虜を、裁判にかけることなく部下に命じて背中から刺殺させたこと、盗癖がおさまらない捕虜を独房で餓死させたこと、となっている。

朝鮮・中国人強制労働

朝鮮半島からの連行

三池炭鉱の暗部を調査し、告発し続けてきた武松輝男さんが作成した資料のなかに、「戦争勃発の時期と炭鉱開発」という資料がある。日清日露戦争の勃発や、太平洋戦争の戦火の拡大とともに、次々に新しい坑口が開かれていったことがわかる。

「戦争の道具、石炭は。戦争が始まるならば、石炭は必ず要る。戦争遂行の必需品なんです」

武松さんによると、品質の良い三池の石炭は、爆弾などの材料に使われたという。

「石炭で、飛行機の燃料をつくろうとした計画もあったんですよ。ヒトラーと同じようなことをしようとしたんです。完成する直前に戦争が終わったんです」


日本人が戦争に召集されるなかで、当時日本の植民地だった朝鮮からも出稼ぎという名目で人が集められることになる。しかし、これは半ば強制的な召集だった。

日本政府は一九三八年、国家総動員法を公布し、総力戦を遂行するため、国家のすべての人的・物的資源を政府が統制、運用できることを定めた。翌年には国民徴用令が出され、国民を強制的に生産活動に従事させることができるとされた。

それ以前から、産業界でつくる石炭鉱業連合会は、朝鮮人の使役を求め、日本への移入を厚生省に要望しており、その要望通り、「募集」という形で朝鮮各地で強制的な徴用が始まった。

そのシステムは、まず炭鉱などの企業が希望する人数を府県長官に申請、それを厚生省が査定して、割り当てる人数を決定する。朝鮮総督府が、道庁などを通して面（村）事務所にその数を通達、駐在所や面の有力者などを通じて頭数を揃える、というものだった。「いい仕事がある」「金もうけができる」など、甘い言葉にのせられて応募した人も多い。

一九四一年には、朝鮮総督府内に朝鮮労務協会がつくられ、朝鮮人の連行が強化される。

この年、日本軍が真珠湾を攻撃して太平洋戦争が勃発。従来の募集のやりかたでは追いつかなくなり、翌年、政府は、村の駐在員などの斡旋によって強制的に人力を確保する方式に変更した。さらに戦争が破局に向かってすすむなか、日本の労働力は底を尽き、国民徴用令を朝鮮にも適用して、青紙一枚で朝鮮人を連行した。

新藤東洋男《とよお》さんは、当時、朝鮮人を連行した人から聞き取りをしている。

「憲兵とともに釜山に上陸し、町を歩いている者、田んぼで仕事をしている者など、手当たり次第、役に立ちそうな人は片っ端からそのままトラックに乗せて船まで送り日本に連れてきた。全く、考えると無茶苦茶ですよ。徴用というが、人さらいですよ」

連行された彼らは、着替えもなく、連れてこられたままの姿で働いていたという。

大牟田市の北部に、甘木山という小高い丘陵地がある。その中腹に朝鮮人殉難者慰霊碑がある。在日本大韓民国民団大牟田支部の支部長・ウ・ハングンさんが寄付を募って建てたものだ。ここでは、朝鮮から日本にきて、炭鉱などで亡くなった人たちの慰霊祭が毎年行われている。

慰霊碑は桜の木に囲まれている。二〇〇九年の慰霊祭は満開だった桜が散り始めた頃に行われた。時折吹く強い風に桜吹雪が舞い、地面が薄桃色に霞むなか、桜より鮮やかなピンクや黄色、赤のチマチョゴリに正装した女性たちが、丘の下から姿を現した。

慰霊祭に参列したのは、地元に住む在日韓国人の人たちだ。朝鮮人の強制連行の実態や死者数など、詳しい資料は見つかっていないが、国立国会図書館に保管されているＧＨＱ（連合国軍総司令部）の文書によって、昭和十八（一九四三）年から二十年までに一万二〇二五人の朝鮮人が三池炭鉱で働いていたことがわかっている。

式典に先立ち、韓国の伝統楽器を用いたサムルノリが披露された。民族服をまとった四人のメンバーが、太鼓を打ち鳴らしながら、桜の木の間を縫うように慰霊碑の前に進み出ると、参列者から大きな拍手が起こった。

次第に速くなるリズム。その場にいた人はすべて、その切迫した空気に飲み込まれていく。ますます激しく、速く。太鼓をたたく女性の顔は上気して、今にもどこかに上りつめてしまいそうだ。ひらひらと紛れ込んだ桜の花びらが、隣国の血の激しさに戸惑い、行き場を失くして、再び空へと舞い上がった。

やがて、太鼓は次第に緩やかに収束に向かうのだ。

式典のあとは、会場に敷かれたシートの上で昼食会となった。チヂミやキムチなどを食べながら、太鼓をたたいて、人びとは故郷の唄を歌い、踊った。

強制的に日本に連れてこられた、朝鮮人労働者キム・ヨンギョさんは、私の質問に強い語調で応じた。

「徴用のこと、悲しくなるから、私は話さんよ」

キムさんは八十一歳、通称の日本名も持っている。在日韓国人として地域に根付き、子も孫も立派に育った。しかし、ここまで来るのは言葉で言えるような苦労ではなかった。キムさんの孫は小学生のとき、なぜ祖父に参政権がないのか、憂える作文を書いた。キムさんの葛藤ははかりしれないが、日本国籍をとる道は選ばず、民族の誇りを大切にしてきた。キムさんが最後に言い放った。

「日本に住んでいても、骨は違うよ」

血でもなく、肉でもなく、骨だとキムさんは言った。

「日本人になりかかったとしても、韓国人は韓国人の骨じゃ。これを日本人の骨になおすことはできんよ」

肉体が滅んでも、最後に骨は残る。異国の地にあっても、そこで死んだとしても、韓国人としての誇りまで奪うことはできない、そういうことを、キムさんは言いたかったのだろうか。

お酒も入って一団と座が賑やかになったころ、炭坑節が飛び出した。

月が出たでた　月がでた　三池炭鉱の上にでた

たちまち座の中に踊りの輪ができた。チマチョゴリの女性も、手拍子をしている。

一番に立ち上がって踊りだしたのは、シム・ジャキルさん、八十九歳。シムさんは、踊りが大好きだ。

シムさんは今、荒尾市に暮らしている。荒尾駅のすぐそばの線路に面した古い家に妻とふたりで暮らしている。シムさんも三池炭鉱で働いてきた。

シムさんは京畿道の出身だ。一九四一年、村の役所から役人が三人やってきて、兄弟が三人以上いるところは、そのうちのひとりを日本に出すよう要請があり、シムさんの家からも息子を出さざるを得なくなった。兄弟で話し合った末、シムさんが行くことになった。

「五十四人が集められました。国防服みたいな服を一着くれて、船で何日もかかって、直接釧路に行きました」

当時シムさんは二十二歳。結婚して間がなかったが、妻を村に残して日本にやってきた。最初は北海道の春採《はるとり》炭鉱に連れて行かれ、そこで三年働いたが、炭層がなくなったため、一九四四年に三池炭鉱に連れてこられた。

「兵隊さんは戦地でがんばっとる。アメリカ人の頭をツルハシでたたくつもりで掘れ、と言われましたよ」

食事は、豆、麦、こうりゃんが中心で、とても重労働に耐えられる量ではなかった。

「ご飯が足らんですよ。ひもじくて働かれんですよ」

炭鉱から逃げ出す人間も続出した。しかし、すぐに連れ戻された。

生来まじめなシムさんは、一日も休むことなく働いた。しかし一度だけ、高熱が出て家で寝ていたことがあった。そのときは憲兵から呼び出され、裸にされて二人がかりでベルトで何度もたたかれた。

「痛くてね、わたし、しまいには泣いたよ」

そばで聞いていた妻は、たまらず、話に割って入った。

「主人はまじめな人で、痛くても、鉢巻しめて行く人ですよ。具合悪くても、這ってでも行く人ですから。たった一日ですよ、休んだのは。帰ってきたら、靴の中まで血であふれてました。人間のすることじゃないですよ。なんでこんなことをと、背中の傷をさすりながら、私も泣きました」

三池炭鉱研究家の武松輝男さんによると、朝鮮人をたたくときは、木刀ではなく、ベルトコンベアの裁断したベルトが使われたという。武松さんは資料にこう記述している。

「ベルトでたたかれると、肉まで染み透るような重い痛みがある。ベルトはゴムとはいえ、角がたっており、裸だと皮も切る。たたく人間は、握るところに布を巻いて、滑り止めと痛み止めと怪我止めをしていた。ベルトはしなやかだから、肩の方からたたくと胸まで、正面からたたくと背中までまとわりつくように接点を広げていく。いえば陰湿である。弱いと見たら高飛車に出ようとする人間の陰湿な本性を覗き見しているような気分にかられて仕方がない」

また、こんな処罰の仕方もあったそうだ。

「水道のホースを口にくわえさせ、蛇口の栓を開けている。ホースから出てくる水を飲まないと鼻に出る。鼻に出ると息ができない。だから飲む。すると腹がふくれる。すると腹を蹴る」。蹴られたらどうなるかは、想像してほしい、と武松さんは書いている。

シムさんが乾いた表情で言った。

「ばか、ぼんくら、死ね、いつもいつも言われましたよ」

戦争が終わって、ほとんどの朝鮮人は母国に帰ったが、シムさんは日本に残る道を選んだ。日本に協力した人間は帰れば殺される、という噂がたったからだ。たとえ母国に帰ったとしても仕事はなく、ふるさとに居場所がないとも感じていた。炭鉱の辛い労働からは解放されたが、しかし生活する術はなかった。シムさんは、豚を飼ったり、密造の焼酎をつくって売ったりした。密造の現行犯で逮捕されたこともある。

五人の子供を育てるのは並大抵の苦労ではなかった。道端に捨ててあるみかんの皮、八百屋で廃棄された野菜、あらゆるものを拾って食べた。

「子供をおなかすかせたまま寝せるときが、一番辛かったですよ。そんな日が、戦後ずっと続きました。食わん日が多かった」

妻は思い出して涙ぐんだ。

三井鉱山編『資料三池争議』には、終戦の時点で、三池炭鉱には二二九七人の朝鮮人がいたと書かれている。戦後、朝鮮に帰った人もいれば、シムさんらのように日本に残った人もいる。もっと多くの人の証言をと思って随分探したが、なかなか出会うことができなかった。民団の会長・ウさんがこう語っていた。

「在日韓国人であると打ち明けるには勇気がいるんです。自分に自信がないと言えない。自分に有利か不利かを考えると言わないほうがいいんです」

中国人強制連行

戦時中、日本につれてこられたのは、日本の植民地だった朝鮮半島の人たちだけではない。鉱山や土木建設を中心とした産業界から、一九四一年、当時日本が占領していた中国に労働力を求めるよう意見書が出されている。

東条内閣は「華人労務者内地移入に関する件」を閣議決定。試験的に中国人労働者の移入を行ったあと、本格的な移入を行っている。一九四四年三月から翌年五月までの間に、三万七五二四人の中国人が日本内地に移入された。

全国の鉱山、炭鉱など、各事業所からの申請に基づき、厚生省が軍需省や運輸省と協議のうえ、各事業所に割り当てる人数を決める。この計画に基づき「華北労工協会」が中国人を調達した。華北労工協会とは、中国人を集めて日本の事業所に送りだす実務にあたった機関だ。

敗戦後の一九四六年、外務省はGHQ（連合国軍総司令部）の指示で、中国人強制連行の実態をまとめるため、中国人を使役した全国一三五の事業所から詳細な報告書を提出させている。この報告をまとめたものは「外務省報告書」と呼ばれ、外務省は永くその存在を否定してきたが、その存在が平成になって明るみになった。

「外務省報告書」によると、一九四三年から四五年五月にかけ、三万八九三五人の中国人が連行されている。日本に送られた中国人は、十一歳の少年から七十八歳の高齢者にまで及んだ。一家の大黒柱の場合も多い。出身地は、華北が圧倒的に多く、三万五七七八人、華中が二一三七人、満州が一〇二〇人となっている。連行された中国人のうち、死亡したのは、全体の一七・三パーセントにあたる六八三〇人。六人にひとりが死亡するという異常な死亡率である。死亡の内訳は、日本につれてくる途中での死亡が八一二人、事業場での死亡が五九九九人、本国への送還時などの死亡が十九人となっている。

中国人は三十五企業の一三五の事業所で働かされた。これらの企業は、鉱山、炭鉱、造船所、発電所、港湾。すべてが軍需産業だ。なかでも、鉱山や炭鉱が多い。企業では、三井鉱山が五五一七人と最も多く、三池炭鉱には、一九四四年五月から四五年三月までの間に、六次にわたって、二四八一人が連れてこられている。連れてこられたうち、その五分の一にあたる四九三人が命を落としている。宮浦坑が四十一人、四山坑が一五八人、万田坑が二九四人となっている。

中国人強制連行問題福岡訴訟の弁護士、松岡肇さんや稲村晴夫さんらは、中国側の康健《こうけん》弁護士とともに、強制連行が多かった中国東北部をまわり、被害者の掘り起こしにあたってきた。そして二〇〇〇年に第一陣が福岡地裁に提訴している。原告ひとりひとりに対する聞き取りの結果、とても悲惨な実態があきらかになった。聞き取りの内容を一部、記してみる。

「私はその日を、旧暦の十一月十五日と記憶しています。早朝、私は驚いて目を覚ました後、母親と一緒に毛布をつかんで家の外に出ました。庭に出てすぐ、私たちの村が日本兵によって取り囲まれているのに気づきました。村のいたるところに日本軍と傀儡《かいらい》軍らしき兵隊がいました。逃げる余地は全くなく、彼らは青、壮年の男子を捕捉しました」

「十六歳のとき、家に両親といるときに、三人の日本兵が侵入して連行されました。父親が身障者だったため身代わりに連行されたのです。すがりつく母親は目の前で日本兵によって刺し殺されました」

　つかまった中国人は、一ヶ所に集められてトラックや貨車に乗せられた。天津の塘沽《タンクー》に送られるのだ。

「私たちが乗せられた貨物列車に窓はなく、ふたり一組で縛られていました。飲み水は全く支給されず、のどが渇いたときは、凍った小便を手のひらで溶かして、その水を飲んで喉の渇きを紛らわしました」

　天津の塘沽は、労工《ろうこう》となるための「訓練所」と称した収容所で、連行された中国人は、長い人で一ヶ月以上をここで過ごした。

「敷地は鉄条網で囲まれ、日本兵が銃を持って見張っていました。塘沽では、とうもろこしでできた饅頭と小麦でできた饅頭が支給されましたが、全部寒さで凍っていて懐で温めなくては硬くて食べることができませんでした。収容所で、下痢をした人のなかには、使い物にならないということで、石を投げつけられ殺された者もいました。下痢をして何人もの人が殺されました。とにかく、日本人は下痢をする人を嫌がっていました。たぶん伝染病を恐れていたのだと思います」

「塘沽には、電気の流れている鉄条網の中に木造の建物がいくつかあり、その中にとてもたくさんの人が閉じ込められていました。そこから逃げ出そうとして感電して死んだ人もいます。今後どうされるのか不安で首をつって自殺したり、鉄条網にわざと感電して自殺した人もいます。毎日数え切れないくらいの人が死んで、死体を運び出すのを見ました」

「鉄条網に三〜四体の死体がかけられているのを見ました。なかにはまだ息絶えていないのもありました。ここに拘留されていた人が逃げようとして捕まえられ、引き戻されて殴られて死んだのだそうです。見る人の心を震え上がらせ、見るに耐えない光景でした」


「労工」となった中国人は、このあと日本に行く船に乗せられる。

「塘沽の港から、私たちは貨物船に乗せられて日本に向けて出港しました。船に乗るとき、私たちは日本軍から、日本に行くことを知らされました。日本で何をするかは教えられませんでした。出港する前に、北西の方を向いて三回お辞儀をしました。遠く届かない母に別れを告げるためでした。故郷を思うと涙が出ました」

「塘沽に収容されて十日くらい後に、私たちは船に乗せられました。船には千人以上が乗せられていたのではないかと思います。数え切れないくらいの中国人でした。乗船場までは歩かされました。その途中、三、四十人の中国人が逃げようと試みたのですが、すぐに日本人に見つかり、その場で射殺されてしまいました」

「一日に昼飯と晩飯の二食。毎回食べるものは同じで、穀物のぬかととうもろこしの窩頭《ウォトウ》（粉をこねて蒸したもの）だけです。水がないときは白菜の切れ端を食べて乾きを止めました。船で病気になった者は、日本兵に海に捨てられていました」

「外務省報告書」によると、集められて、日本に行く船に乗せられた中国人三万八九三五人のうち、船の中で五六四人、日本に上陸して事業所に到着するまでに二四八人が死亡している。

一九七二年に発刊された『炭鉱地帯』（小崎文人著）には、大牟田で中国人の引き受けや移送を担当した当事者からの聞き書きが記されている。

「昭和十九年十二月、私も一度、受け取り係として、華工《かこう》を大牟田駅に迎えに行ったことがありました。見ると、華工は、一車両にいっぱい詰め込まれている。それを、『クワイテ、クワイテ（急げ、急げ）』と言っては引きずり下ろし、駅のホームに並ばせたとですよ。私が目撃した範囲で、そのときすでに死体となっていたのが十二、三体はありました」

「くくりこそせんじゃったですが、華工を四列に並べ、私ら護衛が両側について、万田坑まで歩かせました。途中、列から離れれば護衛につかまれて引き戻されるもんで、歩くまま、着ている綿入れのズボンのすそから、だらだら小便を垂れ流すものもいたですな。ふらふらまいって、正気もなかったつでしょうな。骨と皮ばかりで、足をひきずって歩いとったですよ」

「うなぎの寝床みたいな細長い急造のバラック家が、彼らを待っていた住まいでした。到着すればすぐ、危険なところでの重労働を強制されながら、食事と言えば、大豆のしぼり粕を海の水でたいたやつですもんね。とても食えるもんじゃなかったですよ。昼の弁当はと言えば、それをふかしてパンみたいにしたものを、小さなアルミの弁当箱にたった一切れ。寮から坑口まで、連れていかれる道々で、食えるものが落ちていれば、みかんの皮でもねぎの切れっ端でも、何でも奪いあっては口に入れよりました。

仕事に疲れて、収容所に帰り、栄養失調の体を横たえる寝床は、土間に敷いた荒むしろと、枕がわりに置いてある長い一本の角材だけ。

だから、身の危険を知りながら、逃亡する華工があとを絶たなかったですたい。逃げれば、山じゅう、蜂の巣をつついたように大騒ぎして探すもんだから、必ずつかまっていました。そして処刑。実際になぶり殺されたところを、私は二度目撃しています」

三池炭鉱の万田坑では、その労働は過酷を極めた。原告からの聞き取りにもどろう。

「餓死をした人も多くいました。なぜ餓死するかというと、食事が少ないことからおなかを壊し、その結果、下痢などで働くことができなくなり、そうやって欠勤すると、食事がもらえなくなるので、結局、餓死するしかないのです」

「毎日六時に仕事にでかけます。われわれは毎日八時間の仕事をして三班で交替させ休ませませんでした。私はある時、睡魔に耐えられなくなって仕事をしながら眠ってしまいました。日本の現場監督が私を殴打して、そして八時間の仕事中、飯を食べさせてくれませんでした」

「炭鉱の宿舎は小さな山の上にありました。高地と低地にあわせて六〜七軒の建物がありました。私が住んでいたのは真ん中の建物で、右側の建物には人が住んでいましたが、左側の建物には人の気配がありませんでした。ある日、左側の建物をのぞいて、腰が抜けるほど驚きました。中に積んであったのは皆死人で、飢え死に、打たれ死に、病死、あるいは虐待死した人たちでした。見るに耐えませんでした。私が日本についてから一ヶ月余りあとの体験です。死体を搬入するところは見ていませんから、死後一ヶ月以上たった死体だったのだろうと思います」

消えない記憶

外務省報告書の存在が明るみになったことをきっかけに、一九九〇年代の後半から全国各地で裁判が提起され、現在も行われている。

福岡でも、二〇〇〇年に第一陣が福岡地裁に提訴、被告の国と会社は、明治憲法下では、国家や官公吏の違法な行動によって損害が生じても、国は賠償責任は負わないという「国家無答責の原理」の適用や時効を理由に、損害賠償請求権の消滅を主張した。これに対して、二〇〇二年四月二十六日の判決では、強制連行の事実を認めただけでなく、その行為を「国と三井鉱山が共同して計画、実行した不法行為」と認めた。一連の中国人の強制連行の裁判で、企業の責任を認めたのは初めてのことだ。そして三井鉱山に対し、原告一人当たり一一〇〇万円、総額一億六五〇〇万円の支払いを命じた。

そして、「被告会社の行為は、戦時下における労働力不足を補うために、被告、国と共同して、詐言、脅迫および暴力を用いて強制連行を行い、過酷な待遇の下で強制連行を実施したものであって、その態様は非常に悪質である」と断じた。またその上で、こうも述べている。

「被告、会社は、原告らに労働の対価を支払わず、十分な食事を支給していなかったにもかかわらず、強制労働の実施による損失補償として、被告、国から七七四万五二〇六円を受け取っており、これは現在の貨幣価値に換算すると、数十億円にも相当する。……このように、被告会社は、強制連行、及び強制労働により、戦時中に多くの利益を得たと考えられる上、戦後においても利益を得ている」として、「正義、衡平の理念に著しく反すると言わざるを得ない」と断じた。

また、国が国策として強制連行を行い、国と会社が共同して不法行為を行ったとも述べた。裁判は、一陣、二陣ともに最高裁まで争われたが、結局、原告が敗訴した。裁判所は和解を勧告したが、国と会社に応じる気配は無い。

強制連行裁判の原告を精力的に掘り起こしている弁護士の康健さんを、北京に訪ねた。

康健さんはこれまで、自ら各地の田舎に分け入って、原告を掘り起こしてきた。

康健さんは、北京市中心部に近いビルの一室の弁護士事務所で私たちを待っていてくれた。これから、原告のひとりである劉千《りゅうせん》さん宅に、私たちを案内してくれることになっていた。劉千さんは、現在八十七歳。二十二歳のときに強制連行された。

康健さんは、以前撮った劉千さんのエックス線写真を見せてくれた。日本での虐待が原因で右足の大腿骨が異様に曲がっている。劉千さんは、この怪我によって足が不自由になり、中国に帰ってからも、結婚が遅れ、満足な仕事ができなかったという。

「戦争が終わって六十年以上もたつのに、日本の政府や企業は、中国人の炭鉱夫に対しひどいことをしておきながら、これまで謝罪もないし、今後しようという態度すら見せません。不思議です」

厳しい顔で康健さんは言った。

私たちは北京から、車で二時間半くらいのところにある、河北省の劉千さんの自宅に向かった。北京の市街地を離れると、そこには広々とした農村の風景が広がった。

劉千さんは、家の外に出て私たちを待っていてくれた。康健弁護士が車から降り立つと、劉千さんは、不自由な足で歩み寄ろうとした。日本人である私は、実は、劉千さんからどんな顔で迎えられるか、内心びくびくしていた。しかし劉千さんは、日本からやってきたことを告げると、そんな遠くからと目を丸くして驚き、満面の笑みで歓迎してくれた。すぐに椅子に座るようすすめられ、目の前のテーブルにあるバナナを食べるよう、促された。私は心から安堵した。

現在、劉千さんは息子さん夫婦と暮らしている。時折、家の前の畑に出ることはあるが、日向ぼっこと昼寝が日課の、のんびりとした暮らしをしている。劉千さんの自宅を訪ねたとき、同居している息子さんも同席し、近くに住む娘さんも来てくれていた。インタビューをする間、高齢の劉さんを気遣って、服装の乱れをなおしたり、飲み物を渡したりと、子供たちが何かと手を出そうとする場面があった。そのたびに、劉千さんは、余計なことはしなくてもいいと子供たちを厳しくたしなめた。老人の威厳が保たれていて、とても大切にされている様子が目に心地よかった。

康健さんは、劉千さんに裁判の結果を伝えた。

「被告は和解に応じようとはしません」

二〇〇〇年の提訴のときの第一陣の原告として、これまで八年間闘ってきた劉千さんは悔しそうだった。

「早くしないと、原告は皆、亡くなってしまう。証言する人が誰もいなくなってしまうよ」

康健弁護士はうなずいた。

「日本は私たちが死ぬのを待っているのか」

劉さんが搾り出すような声で言った。

「足はどうですか」

康健さんが尋ねると、劉さんは首を横に振った。

「足は駄目です」

日本に連れて行かれたことが、劉さんの人生にどんな影響を及ぼしたのだろう。

「一言で言えるはずがありません。私の人生はめちゃくちゃにされたんです」


一九四三年、劉千さんは、村から日本に行くよう命令を受けた。およそ二百人が集まり、監視されながら駅まで連行された。そして貨物列車に入れられ、鍵をかけられて、天津の塘沽でおろされた。

塘沽で「労工」となった劉千さんは、船で日本に向かった。

劉さんは、三池炭鉱の宮浦坑に連れて行かれた。宮浦坑は、一八八七（明治二〇）年に採炭を開始し一九六八年まで石炭を産出した、三池炭鉱の中で最も歴史の長い坑口だ。今では煙突が一本残され、坑内に炭鉱夫を運んだ人車や採掘の機械が展示され、公園として整備されている。

宮浦坑で、劉さんは一年半働いた。午後四時から深夜〇時まで坑内で石炭を掘った。宿舎の横ににわとり小屋があったが、にわとりの餌と、劉さんたちに与えられる食事は同じだった。空腹に耐えかねてにわとりの餌をこっそり食べたこともある。宿舎はねずみが多く、いつも腹をすかせていた劉さんはねずみをつかまえ、焼いて食べた。落ちていたみかんの皮を拾ったら、日本人の監督に棒で殴られた。中国人の食事は、朝鮮人より更に悪かった。

新藤東洋男さんは、中国人の様子について、次のように聞き取りをしている。
「彼らは皆一様にカマキリのようにやせてヒョロ長かった。彼らの腰はかがみ、彼らの膝は、くの字に曲がっていた。それは、彼らの極度の栄養不良を物語っていた。彼らは頭を垂れ、黙々として力無く歩いていた。彼らの顔色は鉛色を帯び、彼らの眼はドンヨリ曇っていて生彩がなかった。彼らの顔には表情というものがなかった」
「彼らは意志というものを忘れた人間の影法師であった」

炭坑の仕事を終えた劉さんが曲げていた腰を伸ばそうと立ち上がった時、いきなり斧で足を殴られた。血が噴き出し、中国人の同僚が布で足をしばってくれたが、特に治療はしてもらえなかった。七日間何も食べられず、眠りたくても、傷口が痛くてすぐに目が覚めた。このけがが原因で、生涯足が不自由になる。

記憶している日本語は、「バカヤロ」「号令のイチ、ニ、サン、シ、ゴ、ロク……」。怒鳴られ、強制された言葉だ。

頻繁な空襲警報、爆撃機が襲来する轟音。日本の戦局が不利であることは劉千さんも感じていた。
「こんなに悪いことをして、日本が負ける日は近いと思っていたよ」

深夜、仕事が終わって坑内から外に出るとき、いつも月が劉さんを出迎えた。月の満ち欠けを暦代わりに、劉さんは中国に帰る日を待ちわびた。

劉さんが提訴したとき、裁判で日本に行けば殺されてしまうと、息子さんが本気で心配して、パスポートの申請を阻止した。娘さんと康健弁護士が協力して密かに原告になる準備をし、劉さんは五十五年ぶりに日本にわたった。筆舌に尽くしがたい辛い記憶しかない日本。しかし、このとき、裁判の支援者から温かく迎えられ、劉さんはとても感動したそうだ。

劉さんが畑を案内してくれたとき、自宅脇に、燃料に使う石炭があるのに気づいた。

「劉さん、石炭がありますね」

そう言うと、劉さんは、ゆっくりと石炭置き場に近づいていった。一個の石炭を手にした劉さんは、まじまじとその石炭を見つめた。劉さんは、手の中の黒い石をじっと見つめながら、遠い記憶をたどっていった。一分くらいたっただろうか。普段使っている石炭と、あの忌まわしい記憶の石炭が、劉さんの中でひとつに結ばれた。劉さんは突然涙を流し、振り絞るような声を発した。

「悲しいよ、いつもいつも殴られたよ。一生懸命働いたのに、殴られたよ」

中国に帰って六十年。日本での一年半の記憶は、今でも老いた劉さんの身を切り、心を瞬時に凍らせる。殴った側の記憶は永い年月のうちに薄れていくかもしれない。しかし、殴られた側の痛みは決して消えることなく、心の底に深く沈澱し、あるとき突如、沸点を超える。

日本に連行された彼らは、帰国後は、日本に出稼ぎに行った売国奴と言われて迫害された。日本が戦後一貫して強制連行の事実を否定してきたからだ。身に覚えのない汚名を着せられることに加え、番号で呼ばれたこと、鞭でうたれて家畜の餌と同じものを与えられたこと。人間の尊厳を冒されたことへの怒りが消えるはずがない。

劉さんの娘さん一家は、劉さんの家のすぐ近くに住んでいる。娘さんは、最近新築したと誇らしげに語ってくれた。板張りのダイニングには、四人がけのテーブルとソファがある。きょうは満月だからと、餃子を焼いて食べさせてくれた。娘さんは夫と娘と暮らしている。劉さんの孫娘は大学に行っていて、間もなく帰ってくるという。大学生のお孫さんの部屋に案内してもらった。部屋は彼女の写真で飾られていた。どれも、女優さんと見まごうばかりの美しさ。最近、女優さんのようなメークと衣装で写真を撮るのが流行っているという。しばらくしてお孫さんが大学から帰ってきた。写真通りのとてもチャーミングなお嬢さんだ。流行の服を着て、初対面の私たちににこりと笑って挨拶をした。

劉さんは、ひとりソファに座って、娘さん一家の様子を眺めている。

家から外に出ると、まだ明るさの残る低い空に、大きな満月があった。あたりが次第に暗くなり、月が高く、小さくなって、凝縮した光を放つ頃、周囲の家々から大人たちが出てきた。人びとは、路地に一本ある街灯の下に集まってくる。いったい何事だろう、事件だろうか。

劉さんの娘さんに尋ねると、娘さんはきょとんとした顔をした。これは大人たちの日常の楽しみ。人びとは束の間の会話で、夜のひとときを過ごすのだ。

田春生《でんしゅんせい》さんは、同じ河北省徐水県に住んでいる。訪ねたのは十月。一面のとうもろこし畑は、ちょうど収穫の時期を迎えていて、田さんの家でも、庭にたくさんのとうもろこしが干されていた。田さんは、一九四三年、父親と一緒に畑仕事をしていたときに、日本兵と中国の警備隊から取り囲まれた。そしてそのまま車に乗せられて連行された。十一歳だった。子供の田さんは、いったい何が起きたのか全くわからなかったが、父親と一緒だったから恐怖は感じなかった。

塘沽に向かう船の中では、一日二個の饅頭と、少しの水が与えられた。毎日死者が出て、遺体はそのまま海に捨てられた。

塘沽の収容所は、三重の鉄条網に囲まれ、そこには電気が流れていた。脱走しようとして死んだ仲間もいた。

連れていかれたのは万田坑。田さんのように、父親が連行されたために一緒につれてこられた子供が十二人いた。炭鉱につくと、大人と子供は別々にされ、子供にも仕事が割り当てられた。田さんは簡単な機械の作業を命じられた。

父親は、日本につれてこられて一ヶ月後、日本人の監督に殴られて死んだ。詳しい事情は今でもわからないままだ。日本人から命令されて、その言葉の意味がわからず、殴られて死んだと聞かされている。田さんは、父親は故郷から離れて悲しくてたまらず、ぼうっとしていたのではないかと思っている。父親が死んで一週間後、同じく強制連行された中国人が、父親の遺灰を見せてくれたそうだ。まだ幼い田さんは、悲しくて何日も泣き続けた。不憫に思った同じ境遇の中国人がひきとって養父となり、帰国してからも田さんを育てた。

子供の田さんは、すぐに「はらすく」という言葉を覚えた。「はらすく」と言うと、日本人も田さんに食べ物をくれることが多かった。ただし、大人の中国人には絶対に余分な食べ物を与えることはなかった。

取材した日は満月だった。田さんの家の庭に立つと、笹林の向こうに黄色い月が見えた。中国の人たちは、中秋の名月には、爆竹を鳴らしてギョーザを食べる習慣がある。幼いころ、田さんのおばあさんはこの日にたくさんご馳走をつくってくれた。しかし、日本に連れて来られてからは、父を失い、自分もいつも死と隣り合わせだった。日本で見上げる月は、故郷と変わらない貌《かお》を見せた。少年の田さんはそんな月を見て一層悲しさが募った。

田さんは、夕方になると、決まって散歩に出る。手に二個の金属製の小さい玉を握っている。手のひらに刺激を与えると脳にいいそうだ。田さんも、もう七十九歳、玉をかちゃかちゃさせながらゆっくり歩いていく。家から二百メートルほどのところに、毎日同年代の友人が集まるのだ。家々の前に連なる塀が壊れて、ちょうど座りやすくなったところに並んで腰掛け、皆で話をしたり、ラジオの朗読を聞いたりしてすごす。集まる場所は幅五メートルほどの生活道路に面していて、ひっきりなしに、さとうきびを満載したトラックが土ぼこりをあげて通っていく。でも、集まった老人たちは全く気にする様子もなく、ラジオに耳を傾け、話に興じている。

取材カメラをまわしていると、田さんの友人たちがカメラの周りに集まってきた。田さんの昔の話をよく聞いたという男性は、苦労した中国人の話をもっと日本人は知ってほしいと、カメラの前で話した。それらの話を田さんは、いつもの穏やかな優しい顔で聞いていた。


娘や孫に囲まれている劉さんや、仲間との時間を楽しんでいる田さんの姿を見て、私は安堵している自分に気づいた。

日本に強制連行され、虐待されたり肉親を失ったりして、命からがら故郷に帰った人たちが、その後どんな暮らしをしているのか。中国に渡る前、私は、彼らの今を想像しようとしても、どうしてもその姿が浮かんでこなかったのだ。実際に彼らの家を訪ねてみると、今、彼らには、それぞれの日常が存在していた。帰国後、相当の苦難があったとしても、祖国で生き延びてきた彼らはまだ幸運な方かもしれない。


杜宋仁《とそうじん》さんは十六歳のとき、畑仕事をしているときに警察につかまり、塘沽に向かう貨車に乗せられた。貨車には鉄条網がついていて、とても恐ろしかった。塘沽の収容所では、逃亡を防ぐため、毎晩裸で寝させられた。冬はとても寒かった。

連れて行かれたのは三池炭鉱の宮浦坑。劉千さんと同じ坑口だ。

腹が減って仕方がないので、収容所から宮浦坑に向かう途中、畑のじゃがいもを思わず口に入れたらひどく殴られた。後ろから電気の通った棒で突かれたことも、殴られて前歯が折れたこともある。黒い水を飲み、腹が張って仕方ないと言うと、それは満腹の証拠だと、食事を与えられなかった。

そんな話を杜さんは淡々としてくれた。遠巻きに妻や子、孫たち家族がインタビューを見守っている。

杜さんは、炭鉱の道具をすべて覚えているという。ツルハシ、ハンマー、ベルト、ゲンノウ……覚えないと殴られたからだ。

三池炭鉱を研究している武松輝男さんが、裁判の口頭弁論で、調査した結果を証言している。それによると、朝鮮人の宿泊施設は正式には「半島人合宿所」、中国人は「華人合宿所」と言っていたそうだが、収容施設ともいうべき劣悪な環境だった。食糧は、朝鮮人が、当時の日本人の米配給量三百六十グラムから百グラム差し引いた量で、常に雑穀が混ぜられていた。中国人の場合はもっとひどく、一升の米を四斗の水で煮たものを食べていたという。一日に饅頭二個という証言もよく聞いたと述べている。

「外務省報告書」には、中国人には一日に主食の米だけで七一七グラム与えていたと記載されているが、全く違う、と武松さんは反論している。

中国人は、トカゲ、へび、ねずみなど、動くものはすべて食べた。収容所の中の草も食べた。

坑口に向かう途中に生えている雑草も、日本人の目を盗んで食べた。食べているところを見つかるとひどく殴られた。

武松さんの調査によると、収容所での一人当たりの畳数は、朝鮮人がおよそ一・五畳、中国人はひとりあたり平均〇・六三畳と、中国人は朝鮮人の半分以下となっている。宮浦で〇・六畳、万田で〇・三八畳、四山で〇・九畳だ。布団は与えられなかった。

採炭現場では、日本人は週に二日休みをとっていたが、中国人には休みは与えられなかった。中国人が入坑しないと、拷問が待っていた。それほど働かされたが、敗戦後解放されるまで賃金は支払われなかった。病気になると、朝鮮人は治療を受けることができたが、中国人は受けられなかった。病気だといえば、食欲もないだろうと、食事が減らされたり、与えられなかったりしたから、彼らは病気だと言わなかったのだ。

四山坑では、まだ呼吸があり、うなっている中国人を、収容所の一番南側のトイレのすぐそばに放っておき、死ぬまで待って、遺体が七体になってから、大八車で運び火葬場で焼いたという。その作業にあたったのは、同じ中国人だった。

もともと歌を歌うのが大好きだった杜さんは、日本でも、歌で辛さを紛らわせていた。歌うことは唯一の安らぎだったという。いつも家を想ったり、故郷を想ったりして歌っていた。どんな歌を覚えているか聞くと、杜さんがうなずき、ひと呼吸おいて歌を口ずさんだ。

見よ東海の空明けて　旭日《きょくじつ》高く輝けば

天地の精気はつらつと　希望は踊る大八洲《おおやしま》
　おお晴朗の朝雲に　そびゆる富士の姿こそ
　金甌《きんおう》無欠揺るぎなき　わが日本の誇りなれ

「愛国行進曲」だ。この歌は一九三七年八月に閣議決定された国民精神総動員の方針のもとで、歌詞が公募され、国民歌謡としてラジオ放送された。愛国行進曲は三番まであり、「起て一系の大君《おおきみ》を光と永久にいただきて」「往け八紘《はっこう》を宇《いえ》となし」などの歌詞が並ぶ。戦争に向かって一丸となって突き進もうと、国民を鼓舞する歌だ。

杜さんは、毎朝、この歌を仕事を始める前に歌わされたという。杜さんは、全くひっかかることなく、すらすらと歌った。天皇をたたえ、その下で、大陸を手中に収めようというこの歌を聴きながら、私は杜さんが中国人であることを一瞬忘れてしまった。歌い終えたと同時に杜さんに面と向かって日本語で話しかけてしまい。杜さんが苦笑いした。それまでは通訳を介して話をしていたのだ。それほど、杜さんの口からこの歌は自然に出てきた。

それにしても、杜さんはこの歌の意味を知っているのだろうか。

「さあ、わかりません。労働の歌ですか」

杜さんは、逆に私に尋ねてきた。日本で覚え、中国に帰って六十年。杜さんは、体に染み付いたこの歌の意味を今まで知らなかったのだ。

杜さんも、裁判で福岡に行ったことがある。そのときは、たくさんの日本人の支援者が駆けつけてくれて、とても感激したそうだ。私たちが福岡空港から飛行機に乗ったというと、「福岡《フガン》、福岡《フガン》」といって笑顔を見せてくれた。

杜さんが奥さんと一緒にドライブに行くというから、一緒についていくことにした。ドライブとは自転車だった。自転車の荷台に妻を乗せて市場まで出かけるのだ。最初は上り坂が続いた。ゆるやかな坂だが、杜さんは苦しそうだ。杜さんは心臓が悪い。市場を外から一巡りして夫婦は家に戻ってきた。三十分程度のドライブ。夫婦の楽しみのひとつだ。

ドライブから帰った夫婦は、庭のテーブルでトランプを始めた。杜さん夫婦はとても仲がいい。夜七時頃、再び杜さんの家を訪ねると、杜さんはベッドに横になっていた。元気そうに見えても、杜さんももう七十九歳なのだ。「早く解決してほしい」。劉さんや杜さん、田さんが生きている間に、問題は解決に向けて前進するのだろうか。

河北省の、見渡す限りの広大な畑。農作業をしている人の姿が遠くにちらほら見える。かつて、銃剣の先に日の丸を結びつけた日本兵が、十メートル間隔で広がって、一斉に大きな声を張り上げて徐々に追い詰めていき、男たちを捕まえては、ロープで縛り上げた。当時、捕まえる側は、「労工狩り、ウサギ狩り」と言っていたという。

目の前の畑では、刈ったさとうきびを母が束ね、息子がトラックに積んでいる。夫婦が冬小麦の種まきをしている。こんな人たちを捕まえて、遥か私たちの住む日本まで連れてきたのか。

さとうきびの収穫をしている母子に話を聞いた。私は、彼らと月との関係を知りたかったのだ。
「暦は旧暦を使っています。旧暦の方が、農作業に向いているんです。ほら、もうすぐ白露だから、これからは寒さに注意しなければなりません」

母親は作業の手を休めて答えてくれた。トラックにさとうきびを積み込む息子は、まだ幼い。日本だったら小学校の高学年くらいだろうか。それにしても懸命に母親の手助けをしている。テレビカメラを横目で見てはにかんだ様子だ。

他の農夫も皆、旧暦で仕事をしていた。強制連行の話を聞かせてくれた杜さんも劉さんも田さんも、家には旧暦と新暦、ふたつの暦があった。

以前、大牟田で取材した在日韓国人の人たちも、太陰暦に親しんでいた。正月は旧正月で行い、法事もすべて太陰暦にのっとって盛大に行うと話していた。日本で生まれた二世、三世たちも、両親のやり方を大切に受け継いでいた。

中国の人たちも、韓国の人たちも、月の周期をもとにした太陰暦を大切にしている。

彼らが月と重なって見えてくる。

　あんまり煙突が高いので　さぞやお月さん煙たかろ　さのよいよい

煙突は大陸に進出し、列強の仲間入りをしようとする日本の姿。煙たがるお月さんは、その陰で泣いたアジアの人たちではないか。

ヤマの神構想

一九二六（昭和元）年に大浦坑が、一九三一年には宮原坑が採炭をやめた。石炭を掘りすすむ切羽から、運び出す坑口までの距離が長くなり、作業効率が悪くなったからだ。代わりに四山坑や三川坑が開鑿《かいさく》される。三池炭鉱は、有明海の海底に向けて延びていくことになる。三川坑が出炭を始めたのは一九四〇年。日中戦争から太平洋戦争へと、日本が大陸進出をすすめていた頃だ。石炭は戦争遂行の重要なエネルギーとなっていく。

太平洋戦争末期、働き手が戦争にとられる状況下、人も資材も不足し、炭鉱では、事故も続発した。危険な炭鉱に人は集まらなかった。しかし石炭は戦争遂行の要。何が何でも石炭を掘らねばならなかった。

そんななか、何とか炭鉱に人を集めようと、国や大学の研究者、産業界などが集まって、炭鉱で死んだ坑夫を神として祀り上げようという構想が浮上する。「鉱業報国神社構想」だ。日本鉱業会誌の一九四四年六月の議事録に、真剣にその構想について話しあった記録が残っている。

「鉱業報国神社というようなものを建てて、君たちは死んだら鉱業報国神社に祀られるのだという気持ちで労務管理を指導することが、指導する精神から言っても非常に必要ではないかと考えております」

「爆発して、永久に坑内へ埋まってしまった者は、産業報国神社、鉱業報国神社を造って祀ってやるのがよいと思います。之をやらなければ働く人はないと思います」

「炭鉱で死んだのは、弾にあたって死んだと同じように考えて、挺身して働けと云うことでないと、命を投げ出して働くことはできないと思います」

「鉱山方面においても、鉱民道場というものをつくって、最初は少数でもいいから、内原のように熱烈なる訓練を行って、皇国鉱民としての中堅人物を養成すべきものと思います」

当時、十四、五歳の少年までをも募って旧満州へ赴かせ、ソ連国境での守りに就かせていた満蒙開拓青少年義勇軍。その訓練所が茨城県の内原だった。それにたとえて、国策遂行の精神性を坑夫たちにもたたきこもうとしていたのだ。

武松さんは続ける。

「炭鉱では資材がなくなる。人も少なくなる。そうなると事故が起こりやすくなる。それを会社の責任と言わせないで、今は戦争だからやむを得ないことだと思わせるわけですよ。自分たちは苦労してでも生産性を高めるべきではないかと思うように仕向けるわけです」

「靖国と同じだと思ってますよ。そうしないと、誰でも死ぬのは嫌だから。戦争で死ぬ名誉の戦死も炭鉱での死も同じだという錯覚を持たせるわけですよ」

一方で、太平洋戦争末期は、当時の日本の植民地だった朝鮮や、隣国中国から、強制的に多くの人びとを連れてきている。この日の座談会では、このことにも触れている。

「九州に於いては、現在内地人対半島人の比率が、或るリミットを超えてしまって、採炭について申しますと、内地三、半島七といったような割合になっております」

「坑内は神聖なところと思っておるのに、俘虜も坑内に入れる、苦力も入れる、これをどういうふうに坑夫に言い訳をされるか、僕はその信念を聞いてみたい」

戦争末期には、すでに日本人より朝鮮人たちの方が、炭鉱労働の多くを担っていたことがわかる。日本につれてこられた朝鮮人・中国人は、自国への侵略のための石炭を掘らされていたことになるのだ。

「一番悲しいことは、自分たちで、自分たちをつぶす品物をつくる、ということ。もっと違う道具であってほしかったと思うんですけどね」

武松さんが淡々とした表情で続けた。

「歴史は重たいですよ」

人生を賭け、六十年間三池炭鉱の暗部に挑んできた武松さんでさえ、わからないことや解明できないことがほとんどだという。

現在、私たちが立っている、ここ大牟田・荒尾の地下には、爆発で埋まったままの遺体のほか、放り込まれ、埋められたままになっているたくさんの亡骸が、そのままの状態で放置されていると武松さんは思っている。

「地下だから、見えないから、何でもできるんですよ」

人生を賭けて三池炭鉱を調査研究してきた武松さん。私が最後にインタビューしたのは、自宅近くのグループホームだった。武松さんの息子さんによると、少し物忘れが出てきたため、一週間に二回デイケアのサービスを受けているとのことだった。

私がこのホームに着いたとき、武松さんは他のお年寄りと一緒に、職員の指導に合わせ、軽い体操をしていた。武松さんと会うのは半年ぶりだった。髪もさっぱりと短くなり、自宅で資料に囲まれている武松さんと印象が違って、私は戸惑った。ホームの好意で、静かな部屋を用意していただき、いつものようにインタビューをした。三池炭鉱について語る武松さんは、以前と全く変わらなかった。でも、私のことを覚えてくれているのか、少し不安に感じるところもあった。

インタビューが終わって、雑談をしていたとき、武松さんが言った。

「私も、どうすれば新しい情報が入るか、今、探っているんですよ。だからこういうところに通って、少しずつ仲良くなって、情報って集めていくんですよ」

武松さんの表情が、さきほどまでの穏やかなものとは違っていた。目に凄みがあった。武松さんの執念は、今も少しも衰えていない。私はその視線に射られて、身動きできなかった。骨の髄まで、武松さんは会社・三井を、国を追及する執念に満ちている。

自宅にあふれる貴重な資料。今後どうするつもりかと武松さんに訊いた。

「もう少ししたら、少しずつ、本にまとめる準備にかかろうと思います。でも、まだ調べなくちゃいけないことがあるから」

その表情は、資料に囲まれていた頃の、静かだけれど烈しい意思をたたえた、あの武松さんのまなざしに戻っていた。

終戦時の新港町

一九四五年八月、戦争が終わった。

『三池移住五十年の歩み』には、当時の新港町の様子がこう記されている。

「敗戦という悲痛な事実を外に、誰もが胸の奥からぐっと突き上げてくるものを感じて沸き立っていた。蛇皮線をかき鳴らし、太鼓を打ち、島の民謡を合唱し、踊り狂い、ながい戦争中の空白を一気に取り戻すかのような勢いであった。

大人たちのこの乱痴気騒ぎは子供の世界まで波及した。手に手に空き缶や古洗面器、バケツなどの不用品を持ち出し、棒切れでたたきながら

タンチャ　モサモサ

チャンガ　ソイソイ

などと節回し宜しく黄色い声を張り上げながら列をなして、社宅内を練り歩いた」

戦争が終わると、中国人や朝鮮人、捕虜だったオーストラリア人らは炭鉱から解放された。炭鉱で彼らを使役していた側は、抑圧されていた捕虜たちが報復するのではないかと恐れ、姿を隠す者も多かった。

福ハナさんは、戦争が終わった直後の新港町の様子をよく覚えている。

「捕虜の人たちが、毎日私の家にきてですね、にわとりを持ってきて炊け、と言ったりしたですね。にわとりを焼かせたり、芋を焼かせたりしてました。みんなでわいわい、箸の使い方を競争してましたよ。そしてね、私に、戦争は自分たちがしたんじゃない、上の者がしたんだ、って言ってましたよ。自分たちは皆仲良しなんだって」

落下傘で、捕虜たちに食糧が落とされた。捕虜たちはそれを、新港町にあった神社で、にわとりなどと物々交換していた。捕虜たちは解放された嬉しさからか、よくその場で踊っていたことを福さんは記憶している。

Ⅲ　与論にて ―― 2008-2009

洗骨

太陰暦の行事

二〇〇九年三月二日。与論空港は、全国各地から里帰りしてきた人たちや、出迎える人たちで賑わった。翌日三月三日は、与論は「浜下り」。この一年に生まれた子供たちの成長を祈る日だ。親戚が集まって盛大にお祝いをする日で、学校も役場も休みとなる。与論には、雛人形をかざる習慣も、こいのぼりをあげる風習もない。春が近いこの日、子供の足を海水に浸けて健やかな成長を祈るのだ。男の子は将来たくさん魚を獲るようにと、腰に小さなティル（魚籠）を付け、女の子には料理が上手になるようにと、ソィガマ（ざる）を持たせる。

三日は雨模様の天気で、南の島とはいえ寒かった。高台に立って海岸線を眺めていると、それでもあちこちから、魚を入れる網を腰につけ、また、かごを手に、島の人びとが浜に下りてくるのが見えた。与論では、この日が、その年、海に出る最初の日とされている。寒い季節から暖かい季節に変わる節目の日だ。午前十時頃から、人びとが続々と浜に下りてきた。この浜は、海岸の先に岩場があって、そこで魚や貝が獲れるらしい。岩場までの距離は二百メートルほどはあるだろうか。岩場に行くには瀬を渡らなければならない。

孫をひとりずつ横抱きにし、腰まで水に浸かりながら、瀬を渡るおじいさんとおばあさん。父は子を肩車し、母はねんねこ丹前に幼子を入れて、春まだ浅い海を渡る。続々と浜に現れた与論の民は、昔からのことわり通り、早春の第一歩を海に記す。与論の民は海の民だ。

午後は、浜で車座になっての宴会があちこちで見られる。獲れた魚や貝は家でご先祖に供え、一族の平穏無事を祈るのだ。

この「浜下り」がいつ頃始まったかよくわかっていない。子供と魚を獲って帰る途中の男性が話してくれた。

「子供の成長をお祈りしながらも、飢饉とか、大変な時期もあったから、それを乗り越えるための、ひとつの娯楽だったんじゃないでしょうか。子供に何も買い与えることができないから、漁をして獲物をとって子供に与えるとか、そういうことから始まったんじゃないでしょうか」

この日、車で島をまわると、あちこちの畑ではさとうきびの刈り取り作業が行われていた。「浜下り」の日を境に、牛や馬も新しい夏草を食べるのだ。

浜下り

さとうきび畑の向こうに海が広がっている。珊瑚礁のリーフが広がっている部分はエメラルドグリーン。その先は紺碧。三月でも、空から降る光はまぶしくて、収穫されるさとうきびは光を受けて青々と輝いている。

畑で、おばあさんが刈り取り作業をしている。取材のカメラを向けると、首にかけていたタオルで顔を隠しながら笑った。

「『鶴瓶の家族に乾杯』みたいだよ」

光の成分が急速に増してくる春。南の島は、これから一足跳びに夏に向かう。

「この時期が一番好きだよ。牛もみんな春を知ってるよ」

島にとって、三月三日は、あらゆる生命が躍動し始める日だ。


役場の池田さんと車で県道を走っていたときのことである。県道脇の墓地に、大人の手で一抱えくらいの大きさの、小さな屋根のようなものがあるのに気づいた。その小さな屋根の大半は崩れて、その下の土が陥没した状態になっている。

「あれは何ですか」

池田さんに聞くと、遺体を埋葬してある場所を示すものだという。与論ではガンブタと呼ばれている。ガンブタの下には、亡くなった人の遺体が土葬されているのだ。亡くなって五年から七年たつと、亡骸は家族らの手によって掘り起こされ、骨の一本一本がていねいに洗い清められる。

そして、甕に納めて再び埋葬されるのだ。

「洗骨」は、与論では、火葬場が建設されるまでは一般的だった。しかし、二〇〇四年に火葬場が建設されると、急速に土葬から火葬に移行する。最近は洗骨の光景もあまり見られなくなった。

日本の法律では土葬を禁じていない。ただ、どこでも埋葬できるわけではない。指定された墓地へ、管理者の許可をとって埋葬することが義務付けられている。自宅の畑や庭に埋葬することはできないのだ。市や県、厚生労働省まで問い合わせてみたが、土葬なんて、ここ十数年聞いたことがないと戸惑い気味で、法律の内容すら、わかるまでにずいぶん時間がかかった。

土葬が身近な与論では、人が亡くなると、遺族は役場の窓口で、土葬にするか火葬にするかを選ぶ。火葬場ができてからも、土葬を選ぶ人はいる。土葬を選ぶ理由は何なのだろう。

会う人ごとに、洗骨の体験を聞いてみた。すると、酒を飲んでいても、漁から帰ったばかりのまだ息が弾んだ状態でも、一様に、その表情は、死者を懐かしみ、慈しむ穏やかなものに一変するのだった。

五年前に亡くなった母親を洗骨するとき、母親がどんな状態でいるのか不安でたまらなかったという男性は、どうしても、その様子を正視することができなかった。

「お母さん、きれいになってるぞ、と言われて見てみると、きれいに白骨化していたんです。安心して、綺麗に洗った頭を抱かせてもらった。あの時ほど、母親をいとおしいというか、かわいいと思ったことはなかった。とにかく抱きしめたくてたまらなかったですね。そして、自分の母親が本当にすばらしい女性であったことがひしひしと伝わってきたんです」

墓所を訪れ、甕のふたをあければそこにはいつも母がいる。母に語りかけることで、男性は何度も救われた。

幼いころに祖母の洗骨を経験した女性は、たくさんの人が集まって祖母の骨を洗ってくれるのを見て、とても嬉しく、また誇らしかったと語ってくれた。

「みんなに大事にされてるのを見て、いいおばあちゃんだったんだなっていうのが伝わってきましたね」

また、若い頃、祖父の洗骨を体験した男性は、生涯で最も素晴らしい体験だったと言う。

「じいちゃんの洗骨は、亡くなって五年後にしました。埋めたときのままで眠っていました。いつも小遣いくれたじいちゃんだったから、ありがとうじいちゃん、さらに成仏してくれ、って声をかけながら骨を洗いました」

火葬場ができた現在でも、与論では土葬を望む人がいる。この男性の父親も、将来亡くなったら土葬を望んでいるという。

「できるだけ、気持ちを尊重してやりたいけど、私の一存ではできないし、子や孫の意見を聞いて決めたいと思っています」

洗骨は、子供や孫ばかりでなく、親戚や地域の人総出で行う大仕事なのだ。

それにしても、洗骨は、人生観が大きく変わるほどの体験らしかった。しかし、いくら身内とはいえ、死者を掘り起こすというのは、いささか怖いのではなかろうか。

与論町役場の池田さんが、身内の伯父さんを洗骨したときの様子をビデオに収めているという。役場のデッキで再生して見せてくれた。日曜日。役場には数人の人が出て仕事をしていたが、映し出される映像を特段気に留めることもない。与論では、洗骨は日常の光景なのだ。

十数人の身内に見守られ、墓地から亡骸が掘り起こされる。土にまみれて、故人が愛用し、埋葬するときに着せていた上着がまず現れた。身内からため息がもれる。この上着を着ていた主の肉体は土に還り、残ったのは骨。頭蓋骨、脛骨、肋骨。流れ作業で、手際よく、一本一本骨を洗う。洗骨の前夜に、順調に作業がすすむよう、細かく作業の割り振りが決められているのだ。

掘り起こすのは男たち。洗うのは故人の娘や孫たち。小学生の孫たちは、「じいちゃん、じいちゃん」と明るく骨に声をかけながら、太い大腿骨をざぶざぶ洗っている。この子らのおじいさんは、さぞ丈夫な人だったんだろう。とても大きくてしっかりとした骨だ。

「洗骨を初めて体験する子供も、怖がるとか、嫌がるとかいうことはまずありません」

たとえ与論で育った子供でなくても、都会から初めて里帰りした子供でも、自然に洗骨を受け入れるという。

最初、池田さんの肩越しに、こわごわ画面を覗き込んでいた私は、気づくと、その光景を食い入るように見つめていた。

与論で消え去ろうとしているこの「洗骨」を、どうしても目で見て、そしてカメラに収めたい。

その思いは次第に強くなっていく。しかし、その様子を他人に見せることはまずないという。洗骨は、人に見られないよう、まだ夜のあけやらない暗いうちに済ませてしまうのが通例なのだ。いつもなら、いろんな無理難題を二つ返事で涼しい顔できいて実現に導いてくれた池田さんも、このときばかりは考え込んでしまった。

それから、私は、与論を訪れるたびに、公民館での老人会の集まりや十五夜踊りの会場などで、町の人に番組の趣旨を説明し、洗骨の撮影に応じてくださいとお願いを重ねた。しかし、洗骨自体が減っているうえ、もともと他人には見せないものだけに、応じるという人はなかなか現れない。

命への慈しみ

郷土史研究家の竹内浩さんから、洗骨の撮影に応じてもいいという人が現れたという連絡を受けたのは二〇〇八年三月の末だった。竹内さんは、この文化を記録に残したいという想いを持っていて、取材に応じてくれる人を探してくれていたのだ。その方は川畑康孝さん六十七歳で、七年前に亡くなった母親の洗骨を四月末に行うという。早速、川畑さんの自宅に電話を入れると、妻の和子さんは困った様子だった。いったん取材に応じる気持ちになってくれたものの、親戚から反対されて、断りたいと言っているということだった。

すんなりと洗骨が撮れないだろうことは予想していた。でも自分の思いだけは伝えておこうと、川畑さんに手紙を書き、一週間後に電話を入れた。すると今度は、和子さんの明るい声が返ってきた。

「いいみたいですよ」

川畑さんは町の建設会社に勤務している。重機を扱う免許をいくつも持っていて、工事現場ではユンボなどの機械を操作している。川畑さんの自宅は空港の近くの茶花にあった。お茶をいただきながら川畑さんを待っていると、仕事を終えた川畑さんが縁側から現れた。日に焼けた肌に、白い歯が印象的な人だ。

「お引き受けいたします」

川畑さんはにっこり笑って、そう言ってくれた。

川畑さんの母親ハナさんは、七年前に亡くなった。編み物が趣味で、子供や孫、近所の人たちに毛糸で帽子を編んではプレゼントするのが楽しみだった。与論に火葬場が建設される話が持ち上がると、火葬を怖がり、絶対に火葬しないでくれと川畑さんに頼んでいた。当時川畑さんの会社は、火葬場の建設工事を請け負っており、川畑さんもその現場で働いていた。お母さんは毎日、川畑さんが仕事から帰ってくると、工事の進捗状況を尋ねては、絶対に自分を火葬しないよう、息子に再三念を押した。

「うちを焼くなよ、うちを焼くなよって、しょっちゅう言ってました」

その火葬場の工事が終わる一ヶ月前、ハナさんは九十四歳の大往生を遂げた。昼ごはんまで川畑さんと一緒に食べたハナさんだったが、夕方から急に体調が悪くなり、夜に息を引き取った。

「火葬がいやで、火葬場ができる前に急いで亡くなったんじゃないかと思うんですね」

川畑さんは笑う。ハナさんは、希望通り土葬されることになったのだ。

与論では、土葬したあと、三年から七年の間に洗骨をする。埋葬した場所によって状況は異なるが、三年経てば、ほぼ遺体は骨を残し土に還ると見られているのだ。

与論で洗骨を行うことができるのは一年のうちの四日間だけ。太陰暦の三月二十七日と二十九日、八月二十七日と二十九日と昔から決められている。

洗骨の日取りが決まると、洗骨に立ち会う人たちは、その日に向けて心の準備をしなければならない。年男、年女、生理中の女性、洗骨の日からさかのぼって一年のうちに身内の葬式に出た人は立ち会うことができない。川畑さんも七年前にハナさんが亡くなって以来、洗骨を無事終えることがいつも頭から離れなかった。

「一世一代の大仕事だから。与論では絶対やらんといかんのだから」

川畑さんは一世一代の大仕事と何度も繰り返した。自分の結婚よりも大切なことだという。

「これをきちんとしないと、後々まで子孫に尾を引きますからね」

郷土史研究家の竹内浩さんによると、与論は祖霊神道が主流である。すなわち、亡くなった祖先が神であり、祖先を大切に祀らないと子孫に災厄があると信じられている。だから、亡くなった祖父母や両親を手厚く祀って、子々孫々の平安を祈るのだ。

竹内さんが、洗骨の原点ともいえる場所に案内するという。海に面した丘に点々と広がる風葬の跡だ。

与論の墓は、皆海に向いている。その墓地はなだらかな丘陵地に続いていて、その丘に上っていくと、風葬墓が姿を現した。横穴墓で、入り口は漆喰で固めてある。岩場をくりぬいた穴の奥には、今でも多くの人骨がある。ひとつの穴から覗いてみると、中には数十体の人骨が埋葬されていた。この墓は無縁の人たちの墓だそうだ。家独自の墓には、岩場に名前が書かれている。

明治の初めまで、与論では風葬が主流だった。明治十（一八七七）年、明治政府から、風葬から土葬に転換するよう、たびたび島に要請があったが、人びとは風葬をやめなかった。なきがらを海風にさらしたあとに行う洗骨にこだわったからだ。身内の手できれいに骨を洗いあげ、墓に収めて供養するのだ。土葬は、あくまで仮の弔いにしかならない。

与論は最後まで風葬にこだわっていたが、明治三十五年には、鹿児島警察署の担当者が数ヶ月滞在し、徹底して指導したと言われている。再三の要請に、やむなく土葬に移行する。しかし、人びとは洗骨をあきらめなかった。以後、人びとは墓を掘り返して洗骨をするようになる。

竹内さんによると、中国河南地区から東南アジア、沖縄、奄美群島に洗骨のあとが見つかっているそうだが、今でも実際に残っているのは、日本では与論だけだそうだ。一度洗骨をすれば終わりというわけではなく、回忌の供養のたびに甕から骨を出しては洗骨をし、三十三回忌まですする人もいるそうだ。

風葬、無縁者のもの

「自分の夫だから、あけてみたい。会いたいというのがあるのではないでしょうか。もう一度きれいにしてやりたいという思いがね。何回もする方が、先祖に対する供養になると言う人もいます」

与論で火葬場の建設が遅れたのは、洗骨への執着があるからだった。

川畑さんが、たんすから白いマフラーと帽子を持ってきた。編み物が得意だったハナさんが川畑さんに編んでくれたものだ。

「いつも庭の木の下に座って編み物をしていたんです。ひとつ編んでは、人にプレゼントするのが好きだったですよ。優しくて、話をするのが好きでね。でも、俺には厳しかったですね」

川畑さんも、色とりどり何枚も持っているそうだが、この白いマフラーと帽子は、ハナさんが亡くなる三ヶ月前に編んでくれたものだ。川畑さんは、夜、浜に貝を獲りに行くときにいつもこの帽子をかぶる。風邪をひいたときも、このマフラーを巻いて眠るとなぜか熱がさがっているという。

「形はおかしいけれど、温かいからね。親が編んでくれたものだから。これ巻いて寝ると安心できるんです。見守ってもらってる感じかな」

「早くきれいにしてあげて、ばあちゃんを落ち着かせてやりたいね」。川畑さんは手の中の白い帽子に目をやりながら、つぶやいた。

その日は、川畑さんが私たちに夕食をご馳走してくれた。川畑さんは建設業だし、妻の和子さんは美容院を経営している。でも与論では、誰もが自分たちで海の幸を調達する。この日も、夫婦で獲った新鮮な魚や貝がふんだんに食卓に並んだ。

「潮がひいたときに獲ってくるんですよ。夜中の一時、二時に主人と行ってとってきます。見つけたときは嬉しいですよ。十一月から二月まで、大潮のときに行くんです」

満月の大潮の日に、珊瑚礁の海を、月の明かりで獲るいざり漁。

「これはアオブダイ。肉は刺身に、骨は煮付けがおいしいですよ。これは海草のスウナ。与論の珍味。イモガイもおいしいです」

与論にはスーパーマーケットもあるが、買い物に行くことはほとんどないという。

「ほとんど自給自足ですよ」

和子さんが笑った。

死者の再生

洗骨の前日、全国から、川畑さんの娘たちやその子供たちが里帰りした。ハナさんにとっては娘や孫たちだ。

お客さんを迎えるため、台所では、川畑さんの妻の和子さんや手伝いの近所の女性たちが、島で獲れる魚や野菜を使って甲斐甲斐しく料理をしていた。神棚の前には、お酒やお菓子も供えられている。

台所と神棚のある部屋を行ったりきたりして、皆に的確な指示をしているのは、近所に住む竹内ウメさん。ウメさんとその夫の毅《たけし》さんは、これまで何度も村の洗骨を経験してきた。七年前にハナさんが亡くなったときに、川畑さんから母親の洗骨を頼まれて以来、この日の大役を無事終えるため、病気やけがをしないようにと、夫婦でずっと念じ続けてきた。

ウメさんは白い木綿の布を広げている。明日洗骨するハナさんの帷子《かたびら》を縫うのだ。

「もちろん、これを着せるというわけじゃないけど、ばあちゃんを裸にしちゃいけないからね」

ウメさんは、よく日に焼けた顔に満面の笑みをたたえた。そして、丈夫そうな右手を広げ、一尺二尺と、布を計った。

帷子を縫うときは絶対にものさしは使わない。人をものさしで測ったらいけないという言い伝えがあるからだ。ウメさんは帷子を手縫いで仕上げたあと、海水をふって清めた。

「布地も内地から来たでしょ。だから、塩水で清めなくてはいけない。こうすれば、ばあさんが気持ちよく着けることができるからね」

ハナさんの祭壇がつくられ、そこにも果物や酒が供えられた。これらの供え物も、海水をふって清める。

ウメさんが、川畑さんの妻の和子さんに、バスタオルを用意するよう言った。新しいものを準備しようとした和子さんに、ウメさんは使い込んだものでいいと伝えた。

「ばあさんをお風呂入れてから、これに寝かすの。骨を掘り出して、ティッシュで拭いて、水で洗い流して、これに骨を並べるの。亡くなって、何もわからんようだけど、ちゃんと魂はいるからね。喜ぶようにしてやるのよ。お風呂入ったあとにびちゃびちゃしたら気持ち悪いでしょ」

　ウメさんは当然のことだというように、真面目な表情で言った。

　ウメさんは子供のころからずっと与論に住んでいて、島から出て暮らしたことはない。

「与論は最高の島。泥棒もいないし、夜中ひとりで歩いても危なくない。鍵かけたこともないよ。内地はあぶないでしょう」

　ウメさんの三人の娘さんは関東などに嫁いでいる。数年前、長女の嫁ぎ先で不幸があったとき、ウメさんが電話で、しっかりがんばれと励ましたら、長女は葬儀屋さんが何でもしてくれるから楽、と答えたそうだ。ウメさんはそれに合点がいかない。

「何でも島のしきたりでやるのが一番。簡単なことはしたくない。娘たちには内地の人と結婚してくれるなと頼んだんだけど、みんな内地に行っちゃった」

「島の神様は、ご先祖さまだけ。いろんな宗教があるけど、神様はご先祖さまじゃないと駄目よ。嫁に行って子供産み育てると、跡継ぎができたって、ご先祖さまが喜ぶでしょ。それによってまた家が栄える。神様ってそういうものよ」

　ウメさんの話には説得力がある。

　ずらりと並ぶ遺影は、みんな、声も体温も知っているおじいちゃんおばあちゃんたち。神様はとても身近な存在だ。笑うウメさんに、ウメさん自身も土葬がいいのか訊いた。

「私は火葬でいい。子供たちに迷惑かけたくない。死んだら何もわからんよ」

洗骨を経験し、そのすばらしさを身をもって体験した人たちでも、いざ自分自身のこととなると、火葬を望む人がほとんどだ。洗骨の大変さを知っているだけに、子供たちには苦労をかけたくないとの思いからだ。川畑ハナさんが亡くなって一ヶ月後に火葬場が完成してからは、与論でも、急速に火葬に移行した。昔は日常の光景だった洗骨が姿を消すのも間近かもしれない。

ウメさんが縫った帷子は、縁側にハンガーにかけてつるされた。

柔らかな帷子の、木綿の繊維が、青い空に透けて見えた。

帷子が、春の風をふわりとはらんだ。ふくらんだ帷子から、体温や鼓動までが伝わってくる。


その夜は前夜祭が行われた。子や孫や親戚のほか、近所の人や、ハナさんにゆかりのあった人などおよそ五十人が、川畑さん宅に一堂に会した。ハナさんの祭壇には、島でとれた魚を中心に、たくさんのご馳走が供えられ、集まった人たちにもふるまわれた。

宴席に並んだハナさんの娘たちは、母親の洗骨を前に、心なしか緊張しているようにも見えた。

「母がどうなっているのか、複雑な心境。きれいならいいなと思いますけど」

「元気な頃の母の思い出しかないから、形が崩れているのを見るのは忍びないです」

娘たちの中には、高校生の息子をつれてきている人もいた。

「この子はここで生まれてないから、島の風習とか、田舎のつながりとかを見て、受け継いでほしいと思っているんです」


集落の世話役の男性が、大きな巻き貝の杯を高く掲げた。

「明日は、ばあちゃんをすっきりさせてあげましょう。皆でいい仕事ができるよう、乾杯」

黒糖焼酎「有泉」で与論献奉《けんぽう》が始まった。

川畑さんは、自ら海で探してきたという大きな貝を杯がわりに、訪れた人たちに酒をすすめてまわった。川畑さん自身もすすめられるまま酒を飲み、明日の成功を祈った。

「きょうはとても嬉しいお酒を飲んでます。火葬だったら、また会えるなんて、こんなことはないからね。明日は一生の思い出です。あと数時間ですね。早くばあちゃんに会いたい」


まだ日もあけやらない午前五時前、川端さんの自宅には、すでに明かりがともっていた。

竹内ウメさんがみんなに、きょうの段取りや役割分担の最終確認をしている。掘る人、骨を洗う人、出てきた頭の骨を抱く人。その骨に傘をさしかける人。

「きょう洗骨をした人は、夕方五時まで、この畳の線から向こうに行ってはいけません」

竹内ウメさんが、畳のへりを指し示しながら、皆に念を押した。洗骨は不浄なので、携わった人は、一定の時間が経過するまでは、台所などに入ってはいけないのだ。

泊り込んでいた娘や孫たちは、タオルを首にかけ軍手をして準備万端だ。ヘッドライトをつけた何台もの車が連なって墓地を目指す。

墓地はまだ深い眠りのなかにあった。さとうきび畑の向こうはすぐ海だ。胎内で聴く鼓動のような規則的な潮騒だけが、宇宙のことわりを教えてくれ、私たちもその中に抱かれていることを実感する。

空には銀色の細い月。暗幕のほころびからもれ出た光のように闇に鮮やかだ。洗骨を行う四日間は、細い三日月の日。月明かりのない日に、身内でひそかに行わなければならない。

皆が墓地にそろう頃、月は、次第に青みを増す空に溶け出し始めた。

一同はまず、ハナさんが埋葬されているガンブタの前に座り、これからハナさんを掘り起こすことをハナさんに報告する。

娘たちは用意された三個の発泡スチロールに水を入れ、骨を洗う準備をすすめる。

男たちがスコップを使って土を掘り起こし始めた。ほどなくして脛骨が一本、姿を現した。黒くて、とても丈夫そうな骨。骨が生きている。こんなことを言ったらばちがあたりそうだが、投げてもたたいても、壊れることはなさそうだ。これまで火葬したあとの骨しか見たことのなかった私は、深く感動した。数年前、私の祖母が亡くなって火葬したとき、かろうじて形をとどめていたその骨は、箸で拾うとばらばらと崩れてしまった。

土から少しずつ、ハナさんが姿を現した。足袋を振ると、関節ごとに分かれた小さい骨がサイコロのようにころころとたくさん出てきた。小さい骨は長さ一センチくらいだが、しっかりと形をとどめている。

「これ、第一関節。こんな小さい骨まで残るんだもん。母さんが火葬は嫌だって言ってた意味がわかるよね」

娘たちは嬉しそうだ。

「お母さん、体が丈夫だったから骨も大きいね」

肋骨、鎖骨、大腿骨。出てくる骨はどれも丈夫で大きい。

「わあ、入れ歯も出てきた」

骨を待ち受ける娘たちは、わいわいと賑やかに一本一本の骨を流れ作業で洗う。男たちは黙々と骨を掘り出す。骨の出現をカメラ越しにおずおずと固唾を呑んで見守っていた私は、一見、無造作にすすむ作業に肩透しを食ったような気分にもなっていた。ここでは洗骨は特別なものではなく、昔からの日常の営為なのだ。

しかし、その後、空気がかすかに変わった。墓を掘り返していた男たちが急にスコップを放り投げ、かがみこんだのだ。砂を手のひらで、注意深くさらさらとかき分ける。その音に波音が重なる。

急に歓声が聞こえた。ハタサー（頭蓋骨）が姿を現したのだ。

竹内ウメさんがしっかりとこの頭をささげもち、娘たちに高く掲げる。

「お母さん、久しぶり」「やっと出てきたね」

竹内さんは、その面差しがしっかりと娘たちに見えるよう、ハタサーを胸元に抱える。

「私の頭の形のよさはお母さん譲りだったんだ」。七年ぶりに母親に再会した娘たちの興奮は続く。まだ土にまみれたハタサーに見入り、ハタサーを撫で、抱きしめる。まるで赤ん坊の誕生だ。

ハナさんは再生したのだ。土から生まれ出たハナさんの頭は、ウメさんによって、丁寧に洗い清められる。

「ばあちゃん、久しぶりだね。気持ちいいでしょう」

ウメさんは話しかけながら土を落とす。まるで産湯を使うようだ。

洗った骨は、新聞紙の上に、部位ごとに分けられて並べられた。水分を含み、つややかに光っている。

「こんなに残っていると、また見に来ることもできるね」

「きれいな骨でよかった。本当に丈夫だったんだね、母さんは」

「ありがとうね、ばあちゃん」

娘たちは頭を撫でながら、ハナさんに声をかけた。

「ばあちゃんもほっとしてるよ。焼かれなくてすんだって」

川畑さんがいたずらっぽく笑った。

与論では、洗った骨は、深さ一メートルもある大きな甕に足から順に入れる。最後が頭だ。甕

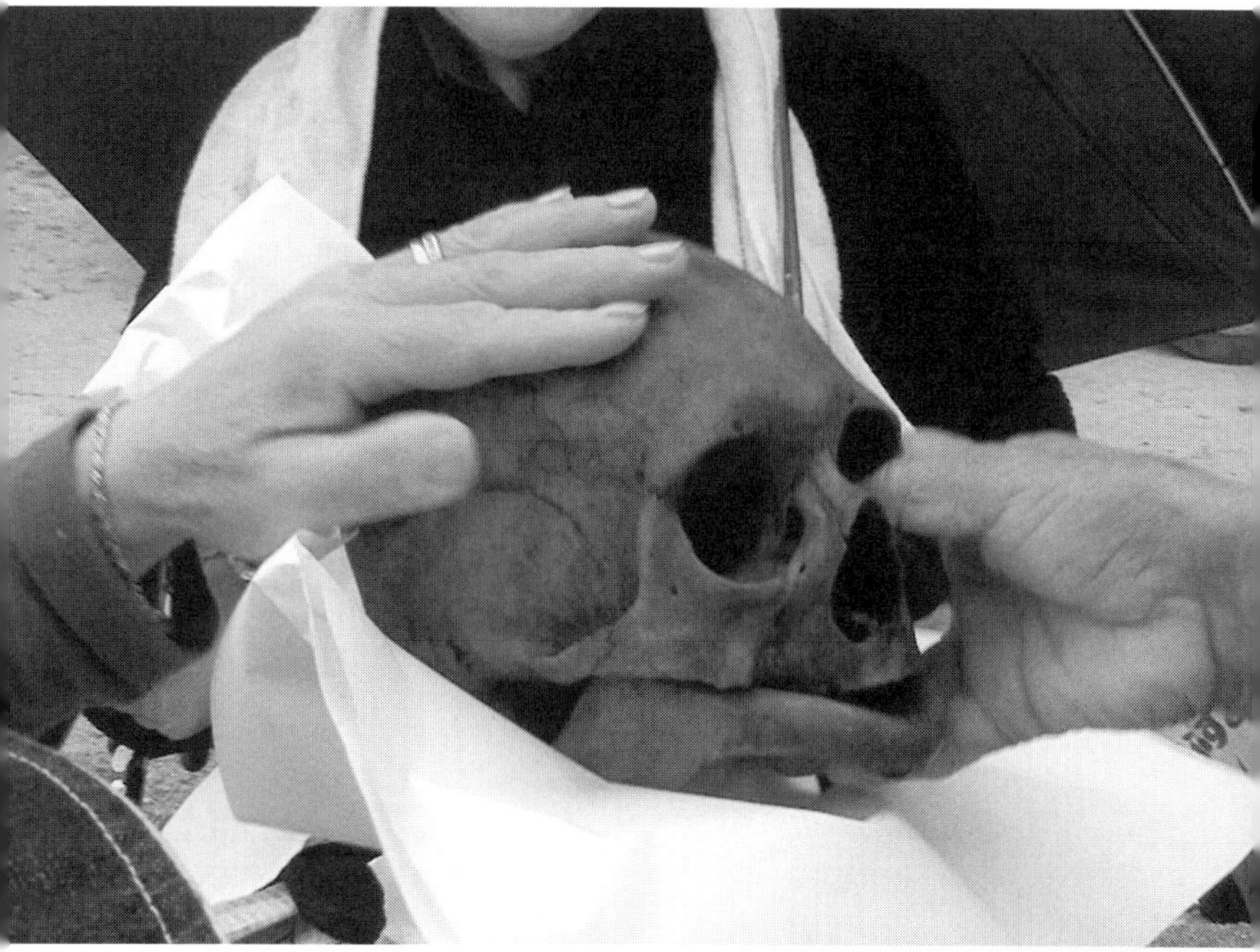

洗骨・ハタサー

は、ふたの部分を残し、地中に埋められる。与論では、墓所に、先祖の数だけ甕が埋められている。

一時間足らずで、ハナさんの洗骨はひと通り終わった。

川畑さんが数年前に洗骨を終えた父親のハタサーを取り出した。

「いいじいちゃんだったよ。でも、もてたから、たまに女の人がやってきてね。私、追い出したことがあったよ」

娘たちは、父親の頭をていねいに拭き清める。

次は祖父のハタサーだ。拭き清めているのは、東京から駆けつけた有元ハナさんだ。祖父は、有元ハナさんを親代わりで育てた。九十三歳の有元さんは、今度の洗骨が、最後の里帰りと思っている。

「このじいさんが、私を育ててくれたんだよ。ありがとう、じいさん」

有元ハナさんは泣きながら、頭を抱き、何度も拭き清めた。

与論の墓は、みな海に向いている。死者は、潮騒を聞きながら浜の砂に眠る。生者は、たまに墓を訪れては甕のふたをあけて、ハタサーに語りかけ、死者との永遠のつながりを確かめるのだ。

与論島では、生者と死者がともに生きている。死が生きている。命の気が満ちている。

洗骨を終えた川畑さんは、すっきりとした笑顔だった。

「ばあちゃんがきれいで嬉しかった。ばあちゃんも喜んでると思います。これで本当に肩の荷がおりてほっとしました」

洗骨のほかにも、与論には、太陰暦の風習が息づいている。

月に守られて

満月の夜

「十五夜踊り」は、一年に三回、旧暦の三月十五日、八月十五日、十月十五日に行われる。いずれも満月の日で、月に五穀豊穣を祈る祭りだ。琴平神社の境内で踊りが奉納される。昔から島の人たちの楽しみのひとつで、このときばかりは、身分の低いヤンチュも、着飾って祭りに参加したと伝えられている。

二〇〇八年の旧暦の十月十五日も、台風が近づき、荒れた天候だったが、十五夜踊りは予定通り始まった。途中激しく雨が降ったが、中断しながらも最後まで続けられた。

「島中安穏」と書かれた旗の下、「雨たぼり、たぼり」で始まる十五夜踊りは、もともと雨乞いの祭りだった。石灰質で作物の育ちにくい島に暮らす人びとにとって、自然との共存は神に頼る他はなかった。十五夜踊りのクライマックスは、最後に皆で踊る「六調《ろくちょう》」。三線の早いリズムに乗って、島の人間も、観光客も飛び入りで踊る。社務所のある高台に立つと、踊りの輪を見下ろすことができる。リズムがどんどん早くなり、踊りも最高潮を迎える頃、赤い夕日が海に沈み、その反対側に、大きな満月が姿を現す。

「十五夜踊りは、島の豊年をお願いするお祭りだから、月にお参りすると、ひもじい思いをしなくてすむと子供のころから教え込まれてきているのよ。だから、月を見ると神々しくて、あがめる気持ちになるわけよ」

「月が出る、出ないは、自分の生活に関係するような気持ちでいっぱい」

境内を照らす満月は、人びとの踊りを見守っている。

子供たちも、昔から十五夜は大きな楽しみだった。

「十五夜のときは潮もひくし、海にも行けるし、それはみな、お月様が持ってきてくれたものだと思っていましたよ」

「中学生のころは電気がなかったから、十五夜だけは何でもやっていいというのがあった。月が真上から向こうに傾くころまで、女の子も男の子も、夜明けまで遊び歩いた。正月よりも楽しかったですよ。それも、お月さんのおかげというのがありました。与論では明らかに、月は神様です」

十五夜踊りは、台風がきても中止されることはない。途中から公民館に場所を移してでも最後まで続けられてきた。

もともと十五夜踊りは、人びとのなかから自然発生的に生まれた。

一八八四（明治一七）年、台風被害で奉納することができなくなり、一度だけ、奉納を見送ったことがあった。その翌年、島は再び台風による大変な飢饉に見舞われた。それ以来、何があろうと、この踊りは奉納されることになった。

十月の十五夜踊りの日は、新暦の九月十五日。敬老の日でもある。立長集落の公民館では、祝賀行事が行われた。

地区のお年寄りたちが続々と公民館に集まってくる。シルバーカーを押してくる人、車で送ってもらってやってきた人、誘い合って歩いてきた人。受付を済ませ、お年寄りたちは外におかれたばんこに座って話をしている。島言葉で、全くわからない。でもとても賑やかで、私も楽しい気分になってくる。

公民館の塀に上って、子供たちが大勢遊んでいる。子供たちは四、五十人はいるだろうか。子供たちもこの日を楽しみにしてきた。公民館には紅白の幕が張られ、晴れやかだ。外からも見えるようサッシが取り払われ、庭にテーブルと椅子が置かれている。

早速、ステージで演芸会が始まった。お年寄りは、用意されたお弁当を食べながら、昔から与論に伝わる舞踊や唄、また子供たちによるコーラスなど、ステージで披露されるさまざまな出し物を楽しむ。遊びにきた子供たちも、開け放たれた縁側から中を覗き込み、拍手を送っている。敬老の日の行事に、こんなに子供たちがやってくる光景は、本土ではあまりないのではないだろうか。

数々の演目のなかで、意外な出しものが観客の大きな喝采を浴びていた。田端義夫の「大利根月夜」に合わせて、女性が番傘を手に、きりりとした表情で踊っているのだ。

観客の中から、「おーい、新港町《しんこうまち》」との掛け声もかけられた。

踊っていたのは、供利《ともり》満江さん。満江さんの両親のルーツは与論だが、三池炭鉱で働いていたため、満江さんは大牟田で生まれた。そして、社宅で隣同士だった同じ与論出身の供利先富《ともりさきとみ》さんと結婚した。

先祖やお年寄りを大切にする与論出身の人たちは、新港町でも敷地の中にあった公会堂に集まり、故郷の歌や踊りで、毎年盛大に敬老の日を祝った。正月、青年団の集まり、運動会と、一年を通してあらゆる機会に集い、家族のように同じ時間を過ごした。

当時の大牟田では、「やくざもの」と呼ばれる田端義夫の「大利根月夜」や、「マドロスもの」と呼ばれる美空ひばりの「港町十三番地」などの踊りが流行していた。大牟田には、これらの踊りを教える人もいて、供利先富さんは、友人とともにこの踊りを習い、与論出身者が集う場で披露して喝采を浴びた。満江さんは、そばでいつも夫の踊りを見ていた。

まもなく、夫が与論で実家の後を継ぐことになり、夫婦は二十代で与論に帰ることになる。両親が与論出身とはいえ、満江さんは与論に行くのは初めてだった。炭鉱で賑わい、人も多く、物も楽しみもあふれていた大牟田とは違い、与論は電気もなく、満江さんはとても寂しい思いをしたという。

　娯楽の少なかった与論の敬老会で、先富さんが大牟田仕込みの舞台を披露すると、島の人たちはとても喜んだ。先富さんは若い人たちにもこの芸能を教え、踊りは与論で定着していった。最初はあまり関心がなかったという満江さんも、夫とともに、与論の人たちに踊りを教えるようになる。夫が男性が踊る「男踊り」を教えると、満江さんは「女踊り」を教えた。

　先富さんが亡くなったあとは、満江さんが後を継いでひとりで教えてきた。

「私は習ってないから、お父さんのようにきびきびしていないんですよ。でも、どうしても、みんなが教えてくれというもんだから、思い出しながら、ここはこうしよう、ああしようと、自分でつくりながらやってきたんですよ」

　二〇〇八年の立長地区の敬老会で踊る満江さんを、集落の人たちは涙ながらに見つめた。踊りが終わると、割れんばかりの拍手が沸き起こった。あふれる涙をハンカチで拭く人の姿があちこちにあった。大きな拍手はいつまでも続いた。

「あの人たちが島に本土の文化を持ってきてくれたんですよ。私たちはこの舞台を見るために、何時間もかけて歩いて会場に足を運んだものです。初めての舞台を見たときの感動は忘れません」

　一九一〇（明治四三）年に与論の人びとが大牟田に移り住んでから戦後まで、大牟田は、与論の経済的な後ろ盾となった。島の老人たちは、炭鉱で働く人たちからの仕送りで救われたし、若者は大牟田にいる親戚、知人宅を拠点に職を探し、関西、関東へと出ていった。

立長集落の元の館長さんの竹内泰敏さんが舞台を見ながら言った。

「大牟田はずっと与論の経済的な支えだったんです。大牟田イコール与論、そう言っても、言い過ぎではないと思いますよ。与論の人間で、大牟田と関わりのない人はいません」


与論の月は明るい。

電気のなかった昔、月は海や、浜や、畑や人びとの営みをあまねく照らした。今でも、月の光は、人びとの暮らしに欠かせない。

昔、与論には「夜遊《ヤユー》」という風習があった。若者が好きな娘の家の前で三線を弾き、それにこたえる娘は、若者とともに浜に出る。そうやって集まった男女が車座になり、三線と唄に興じるのだ。十五夜の夜には、好きな相手の顔がよく見えるので楽しかったと島の人はかつての遊びを懐かしむ。三線が上手な若者は娘たちの注目を集め、上座に座ることができた。うまく弾けない若者は、酒やつまみを用意する係をさせられたという。「ヤユー」で男女は結びつき、結婚した。

与論空港に近い立長集落。明治三十二（一八九九）年、この集落から多くの人たちが口之津に渡っていった。

ちょうど立長公民館では、三線クラブの練習が行われていた。公民館の二階では、七十歳代から八十歳代の男女三十人ほどが車座になって、与論に古くから伝わる民謡や踊りの稽古をしていた。この日は満月。少し雲のかかった空に、月が見え隠れしていた。

Stone & Wind
No. 25
2011・7
石風社《せきふうしゃ》
福岡市中央区渡辺通二—三—二四　〒810—0004
電話〇九二（七一四）四八三八　ファクス（七二五）三四四〇
http://www.sekifusha.com/

＊井上佳子著『三池炭鉱「月の記憶」
——そして与論を出た人びと』に寄せて

お月さんたちの炭坑節

村上雅通

二〇〇七年暮れ、初めて万田坑を訪れた井上佳子と私は、何とも表現しがたい雰囲気にのみ込まれていた。荒土に聳え立つ鉄塔。かつて採炭夫たちを地下へと運んだ巻揚機。迷宮への入り口を彷彿させる竪坑坑口。三池炭鉱で最も長く活用された竪坑には、かつて取材で訪れた足尾銅山跡、水銀を封じ込めた水俣の埋め立て地、知覧の特攻隊記念館で感じた重苦しい空気が漂っていた。

当初、好奇の眼差しだった井上の表情は、刻々変わっていった。「三池炭鉱の企画を進めます」。一時間足らずの見学直後、井上が発した言葉を、私は期待と不安が交錯する思いで受け止めた。「三池炭鉱の企画」とは、十年ほど前、私が制作を断念したテレビの番組企画だったからだ。

きっかけは、当時TBSプロデューサーだった鈴木宏義さんからの情報だった。炭坑節の歌詞「あんまり煙突が高いので、さぞや、お月さん煙たかろ」の「お月さん」が、なんと与論島出身の炭鉱労働者がモデルではないかと言う内容だ。太陰暦を重宝してきた与論島民にとって、月は特別な存在だ。三池炭鉱で最下層の労働者として辛酸をなめた与論の人たちが、自らの境遇を月に投影したのが炭坑節の起源。と鈴木さんは仮説を立てた。いわば「炭坑節与論発生説」だった。

地の利を活かして番組化しないか、という鈴木さんの勧めに私は飛びついた。三池闘争、炭塵爆発事故、離職者の軌跡など、三池炭鉱は私にとって、魅力的な素材の宝庫だった。しかも、炭坑節と与論出身者の秘話が加わる。リサーチもそこそこに、私は全国ネットの番組に売り込み、企画は採用された。ところが、起源を中心にリサーチを深めれば深めるほど、炭坑節は与論島から遠ざかっていった。結局、企画は頓挫した。

十年前の苦い経験がありながら番組化を思いたったのは、万田坑など旧三池炭鉱の遺構を世界遺産に登録しようという機運が高まっていたことで、新たな切り口が見つかるかもしれないという期待があったからだ。

万田坑の訪問の翌日から、井上は精力的に事前調査に乗り出し、一か月も経たない一月末、その結果を報告した。「お月さんは、やっぱり与論の人たちです。でも、与論の人だけではありません。差別に耐えながら、炭鉱を底辺で支えた数多くの人たちの象徴なのです」。企画は全国放送のコンペで最優秀賞を受賞し、一年後の放送が決まった。

かつての炭鉱の町に四百人いる与論島出身者からの情報を足がかりに、井上は、公には知られていない新たな事実を次々と発掘していった。炭鉱を離職した与論出身者の多くが上京し、自治体の清掃労働に従事したこと。しかし、新天地にも炭鉱時代の被差別があったこと。差別の背景に、明治時代の政策「旧慣保存」があったこと。その証明として、今でも与論に残る旧慣、「洗骨」をカメラに納めた。

さらに井上は「お月さん」を追って中国にも出向いた。囚人にはじまり、朝鮮人、中国人たちの強制労働を差別構造の一部と捉えたのだ。さらに、こうした構造を生み出すきっかけとなった、明治政府の政策「脱亜入欧」にも言及し、日本の近代化のあり様に疑問を投げかけた、このことは、今でもアジアの中での居場所が明確でない、日本の立場を象徴するものでもあった。

差別の構造が、いかに無意味で何も生み出さないかを、井上は長年携わってきた「ハンセン病」取材で身にしみていたのだろう。今でも残る被差別意識を、井上は丁寧に拾いあげ深層に迫っていった。出来あがったテレビ作品のタイトルは「月が出たでた――お月さんたちの炭坑節」。最初に万田坑に立って一年二か月後のことだった。私が断念した企画を見事にやり遂げてくれた。

本の出版を機に、再度作品を見直したら、新たな発見があった。それは、「お月さん」たちへの井上のひたむきな愛情だ。通奏低音のごとく作品に流れる愛情は、登場人物だけでなく見る側にも希望と勇気を与えている。素晴らしい映像作家だ。

（元熊本放送プロデューサー、現在長崎県立大学教授）

『三池炭鉱「月の記憶」そして与論を出た人びと』税込一八九〇円

「昔、こうやってみんなで浜で歌ってたんです」

「楽しそうですね」

　そう言うと、女性が大きくうなずいた。

「そりゃあもう、夕方が来るのが待ち遠しくてたまらなかったですよ。きょうは彼氏がきてくれるかなって。好きな人の三線はすぐわかる」

「昔はね、電気もないし、夜は真っ暗闇。聞こえるのは打ち寄せる波と、三線の音色だけ。白い砂浜だけがうっすらと光って、海との境界を教えてくれた。彼女の手を引いてちょっと座から抜けたりしてね。でも、満月の晩はそりゃあもう、明るくて明るくて、なかなかふたりで抜け出せない。でも、愛しい人の顔がよく見えて嬉しかったですよ」

　人びとは三線の音色で想いを語り、月明かりの陰影に映し出される表情にその答えを知った。なんて濃密で、豊かな時間だろう。人びとのすべての営みを照らし出し、見守る月は、まさしく神であった。

　子供たちも、十五夜の日だけは、遅くまで遊ぶことを許された。月明かりの下、月に供えられた餅を無礼講で失敬してまわり、集めた数を競った。

　与論では、餅のことをトゥンガという。子供たちが家々をまわり、餅を失敬してまわる行事をトゥンガモーキャーと言う。大人たちは門柱の上や、庭においたテーブルの上に、家でつくった蓬餅《よもぎもち》をおき、満月にお供えした。子供たちはその餅を失敬してまわるのである。月が次第に青みを帯びる空に溶け出す頃、子供たちはいくつ餅をとれたか自慢しあった。食べるものの少ない時代、餅は子供たちの、また一家のご馳走となった。

「一年中、早く十五夜が来ないかと待ってったよ。だってご馳走食べられるでしょ。普段はさつまいもばっかり。台風や旱魃《かんばつ》があると、蘇鉄《そてつ》ばっかりで。ほんと、苦しかったよ」

「たくさんとったら、お母さんがほめてくれたよ。おりこうさんって。だって、家族みんなで、明日もあさってても食べられるでしょ」

トゥンガモーキャーは、子供の遊びにとどまってはいなかったのだ。

母は、満月の夜には、娘たちを庭に呼んだ。

「お月様に顔を照らしなさいって。そうしないと美人になれないよって。一生懸命照らしたけど、私たちみんな、あまり効果はなかったみたいですね」

七十代の女性は懐かしそうに笑った。

与論の郷土史を研究している竹内さんは、月に親しんでいた時代、人びとの暮らしは今より豊かだったのではないかと思っている。

「昔、与論では、生活するには、月に頼るしかなかった。農作業ではそれがないとやっていけなかったですよね。人間も自然の一部だということを考えれば、それが本来の人間の生き方のような気もしますね。便利さを追求してきた文明はそれに逆らってきたわけです。私も文化的な生活はしたいと思うけど、でも、本来の生き方も忘れてはいけないと思いますね」

旧慣保存政策

月の満ち欠けをもとにした太陰暦。与論では、今でも太陰暦が生活に息づいている。どうしてこのような太陰暦の文化が残ったのか。大阪大学名誉教授の猪飼隆明さんは、明治政府の「旧慣保存」という政策が大きく影響していると考えている。

一八七二(明治五)年、近代化を急ぐ政府は、それまでの太陰暦から、欧米と同じ太陽暦に変えた。明治五年の十二月三日が、明治六年の一月一日になったのだ。改暦の背景には、アジアを脱してヨーロッパの仲間入りをするという、脱亜入欧の思想があった。日本は、積極的に欧米の文化や制度を取り入れた。その出発点となったのが、太陰暦から太陽暦への改暦だった。欧米と肩を並べる国力を持つためには、効率的な暦が必要だと考えたのだ。当時、脱亜入欧を唱えていた福沢諭吉は、『改暦弁』という著書で改暦の必要性を説いた。『改暦弁』は飛ぶように売れたという。

太陽暦は、一年かけて地球が太陽のまわりを一周する公転をもとにした暦である。太陰暦は、月が、地球のまわりを公転する周期をもとにした暦だ。新月を一日とし、次第に満ちていって、十五日が満月。月はまた次第に欠けていき、次の新月までを一ヶ月とした。月の周期は二十八日で、毎月すこしずつ誤差が出るため、三年に一回、うるう月を設けて調整した。しかし、季節は、月ではなく太陽の公転によって決まるため、二十四節気を入れ込み、季節の目安とした。人びとはこの二十四節気をもとに田畑を耕し、月の満ち欠けで潮を知り、魚を獲った。

改暦を推進した大隈重信は、その理由として、まず官庁の業務の効率化を挙げている。当時、各官庁の定休日は一と六のつく日と定められており、月に六回休みがあった。これに三月三日の桃の節句や五月五日の菖蒲の節句、七月七日のたなばた、九月九日の菊の節句などの休みを加えると、休日は年間百数日に上ってしまう。これだと業務が滞るから、一週間に一日だけ休む太陽暦に変えれば、休日は一年に五十二日に減り、効率的だというわけである。また大隈は、外国との交渉事が増えたため、欧米と同じ暦を使わないと交渉がやりづらい、とも述べている。

しかし、沖縄や与論などの南西諸島は、太陽暦の適用が除外された。

与論島など奄美群島は、十二世紀に成立した琉球王国に所属していた。琉球王国は、その支配が沖縄本島を中心に、奄美諸島・宮古諸島・八重山諸島・与那国までに及ぶ、長大な海洋国家だった。十七世紀はじめ、薩摩の侵攻で、王国は薩摩藩の厳しい監視下に置かれ、人びとは米、砂糖、織物などの租税に苦しむことになる。

一八七一（明治四）年には明治新政府が行った廃藩置県により、中央集権的な政治体制が確立し、三府と七十二の県が誕生する。しかしこのとき、琉球だけは特異な廃藩置県が行われた。鹿児島県に編入され、琉球国から琉球藩となったのだ。

一八七九年に沖縄県となるが、このとき、与論を含む旧琉球王国には、本土に適用がすすんでいた近代国家の新制度が適用されなかった。

土地の所有者に所有権を認め、課税制度を改めた地租改正も、すべての国民が教育を受けられるように定めた学制も、国政選挙の選挙権も、適用が除外されたのだ。

背景には、昔から琉球を支配下においていた清国が、沖縄県となることに抗議していたことや、農民統治の末端にあった地頭層の特権をすえおくことで、これら不平武士と自由民権派が手を結ぶことを防ぐとの狙いがあったと見られている。しかし、そればかりではないと、近代史が専門の歴史学者・猪飼隆明さんは考えている。

それまでの古い慣習を残すかわりに、本土の人間には与えた権利を制限したことには、当時の政府の別の思惑があったというのである。

猪飼隆明氏は、国は差別的な秩序を作り、安定を図ったとみている。

「与論の人たちでいうと、お前たちのところは旧慣保存していいと。昔どおりの生活をしなさいと。そのかわり、近代化された、本土と同じような権利は保障しませんと。差別された存在であることを前提にして、国家の枠に入れるんですよ」

そういう人たちが、島を出て、本土にやってきたのである。

「島を出ざるを得ない状況があったとしても、彼らはもともと近代的な権利を保障されない状態で移住して、不平等の関係に入った。正当な賃金を要求する立場は認められていないんです。そういう状態を、資本は上手に利用する。それが悲惨な状態を再生産してきたんです」

「与論にせよ、囚人にせよ、政治的権利も市民的権利も認められてないから、彼らを低賃金の労働力として使うのは好都合。中国人・朝鮮人もそうだし、女子労働もそう。新しく差別を作り出すのではなく、もともとある差別を資本が組織化するんです」

そういう状態であるからこそ、与論島の人たちはまとまって防衛し、慰めあう。その共同体の力を逆に利用することで、資本側はその労働力を安定的に維持できることになる。

「政府や権力が一番考えるのは、秩序の維持。秩序というのは、差別的な方が安定することがあるんです」

一八七二（明治五）年の十二月三日に、本土はいっせいに太陽暦に切り替えた。南西諸島の人たちは、近代化の枠から除外されたのだ。

「権力にとって、暦を統一するのはとても大事。そこまでが力が及ぶ範囲ということ。太陽暦というのは、単に、西洋と同じスタイルをとったということではないんです。今までの三月三日、五月五日などの節句を全部廃止して、紀元節や天長節など天皇家につながる行事をけじめにするんです。暦から除外されるということは、そういう枠からも外れることを意味する。日本の天皇制の支配から除外される化外《けがい》の民。そういう位置づけをしているとも言えますよね」

「国の目的の最大のものは富国強兵。列強の弱肉強食の世界に飛び込むための国力を持つためには、ひな祭りだの、節句だのと休んでいるスタイルは好ましくない。国家の論理や資本の論理に基づいて、国民の生活をコントロールする、というのが基本なんです」

「南西諸島の人たちは、そのまま放置されたということです。政策的に。旧慣保存政策という政策のもとで放置されている。彼らにとっては、今までの生活を維持できるという、いいことなんだけど、一方で、無権利状態におかれることと表裏一体なんです」

　近代化から切り離されることになった与論。その与論では、今も、自然のサイクルに合致した太陰暦の文化が力強く人びとの中に生きている。近代化から遅れをとったが、しかし文化は残り得たのだ。

　近代化の象徴でもあった炭鉱の煙突が、近代化につきすすむ日本なら、近代化の陰を歩くことを強いられた与論の民は、煙に泣く月ではないのか。中国、朝鮮、与論の民に共通していたのは、非効率との理由で、日本本土からはほとんど姿を消してしまった太陰暦への愛着が強いということだ。

Ⅳ　合理化の果てに

――1945～三池

国策に翻弄されて

傾斜生産方式

戦争が終わると、政府は、GHQ（連合国軍総司令部）の指示による「傾斜生産方式」という、石炭と鉄を増産する政策を打ち出した。第一次吉田内閣は、「国の復興は石炭から」をうたい文句に、石炭と鉄の増産を中心に、経済復興を目指す政策を推し進めた。石炭と鉄鋼を重点的に生産し、他の産業に波及効果をもたらすことで、急速な経済成長を狙ったのだ。

GHQは、敗戦国日本を再び軍事大国として復活させないために、原油輸入の全面禁止措置を打ち出した。日本の産業を、自国の需要を満たす程度に縮小し、貿易も最小限に圧縮しようと考えたのだ。日本は、自前で調達できるエネルギーである石炭を増産し、そのエネルギーによって鉄鋼を生産し、経済復興をすすめていくことになった。ＧＨＱは、「ブラックダイヤモンド号」という特別列車を仕立てて、全国の炭鉱に増産の督励に動いている（『みいけ炭鉱労働組合史』三池炭鉱労働組合刊）。

復興のエネルギーを支える石炭産業の労働者は、他の産業の労働者より優遇策がとられた。これはＧＨＱの指示によるもので、国民ひとりあたり一日二合一勺の主食配給体制のときに、炭鉱労働者には一日六合が配給された。炭鉱労働者の家族も、一般の国民より一日三合の割り増しがあった。石鹸、酒、煙草などの特配もあった。

当時、三池炭鉱で働いた池田住雄さんは、こう述懐する。

「当時は、炭鉱関係に嫁さんに行った方がいいと言われてましたよ。炭鉱に嫁に行くと、食いっぱぐれがないってね」

いつしか石炭は、黒ダイヤと呼ばれるようになる。炭鉱に、また活気が戻ってきた。救国増産月間が設けられ、炭鉱は戦後復興を支える要として、国民から熱い視線が送られた。

当時三池は、国内全体の七パーセント、三井鉱山全体の四二パーセントの出炭量を誇っており、労働者も会社も一丸となって出炭に精を出した。ＧＨＱの指導によって、三池労組が発足するが、当時は労使協調路線だった。

三池炭鉱で働いていた林寿雄さんは当時を振り返る。

「当時は、自分たちが国を引っ張っている、という誇りに満ちていました」

採炭現場に向かう人車

日本の近代化、富国強兵の象徴だった煙突は、戦後は復興のシンボルとなった。「炭坑節」が全国に広がったのはこの頃だ。

月が出たでた　月がでた　あよいよい　三池炭鉱のうえにでた
あんまり煙突が高いので　さぞやお月さん煙たかろ　さのよいよい

炭坑節は、もともとは筑豊地方で歌われていた選炭歌だが、それが、三井が経営する大規模な三池炭鉱にお株を奪われる形で、このような歌詞で広まったと言われている。

戦後、炭坑節は、赤坂小梅が歌って大ヒットする。一九五一（昭和二六）年、第一回の紅白歌合戦がラジオで放送されているが、その際、東西炭坑節対決として、三池の炭坑節を赤坂小梅が、常磐炭坑節を鈴木正夫が歌っている。明るく軽快なリズムの炭坑節は、ＮＨＫのラジオ歌謡として毎日家庭に届けられ、戦後復興の応援歌となっていくのである。全国各地の盆踊りでも取り入れられ、全国に広がっていった。

敗戦後、炭鉱は、復員兵や大陸からの引きあげ者たちの受け皿となる。命からがら旧満州から引き上げてきて、炭鉱で働くことで生き延びたという人も多い。

炭鉱で働く顔ぶれが変わっても、与論の民の役割は、以前と全く変わらなかった。毎日、単調な石炭運びに明け暮れたのだ。ただ例外的に、一部の子供たちは、三井が設置した鉱山学校に入学することができた。鉱山学校を卒業すれば、「ごんぞう」ではなく、坑内に入って仕事をすることになり、他の炭鉱労働者同様、給料は高くなった。しかしそれは一部で、多くの与論の民には、ごんぞう以外の道が開けることはなかった。

与論会会長の町謙二さんの祖父母も、炭鉱で働いていた。その姿は、町さんの子供の頃の記憶にかすかに残っている。

「ばあちゃんが、素っ裸でボタと石炭を分けている姿をうっすらと覚えていますよ」

「腰巻くらいしとろうもん」

横で聞いていた妻の征子さんが驚いて尋ねた。

「着とらん、炭鉱はそげんもんではない」

「じいさんは、キャップランプだけつけて、あとは素っ裸。キン吊りだけして。真っ黒してね」

町さんは笑った。

福ハナさんは、三池港でごんぞうに従事した。小学校卒業後、十五歳で仕事を始めた。福さんたちは、ダンブルと呼ばれる貨物室に石炭を積み込む作業に従事した。大きな外国船が着くと、徹夜をした。仕事は朝七時から翌朝の九時まで続いたという。

「あんまり眠かけん、こっくりこっくりしながら仕事をしよったですたい」

ハナさんは居眠りする仕草をして笑った。

ダンブルの中で、上から大きな鉱石が落ちてきたこともある。荷役作業も命がけだった。作業が船の出港に間に合わないときは、ヤンチョイをした。ヤンチョイとは、すでに港を離れ、沖に停泊している船に石炭を積みこむ作業だ。小さい帆船に石炭を積んで、大型船に横付けし、大型船から小船にはしごを下ろし、はしごの下から上へ、バケツリレーのようにして石炭を渡すのだ。一番上の段にいる人が大型船の横腹から石炭を積み込んだ。

「二十人か三十人はいたでしょうかね、船を時間通りに出すために急ぎよったですね。遅れたら会社は弁償せんといかんだったんでしょうかね。危険な仕事で、海に落ちて怪我する人は多かったですよ」

積み込み作業が終わると、はしごから小船に下りた。ヤンチョイはどんな天候でも中止されることはなかったという。

「雨風の強いときにはしごを下りるのは危険でね、海に落ちて死んだ人もいました。沖の有明海を見ると、波がたって花のようだったですよ」

森富信さんもごんぞうだった。長さ六尺（一八二センチ）の天秤棒の両端に、石炭を入れたかごを引っ掛けて一日中、何度も石炭を運んだ。現在九十八歳。

「一回あたり七十キロはあったでしょうかね。天秤棒を当てる肩から膿が出て、痛くて痛くてたまらないから、棒の肩に当たる部分にタオルを巻いて仕事をしていたですよ」

ごんぞうに従事した人の肩には、みな、大きなこぶができた。父親の肩のこぶを記憶している人は多い。森さんも、仕事をやめても、随分と永い間こぶがあったという。

「今思うと、人間がする仕事ではないですよ。よくあんな仕事ができたもんだと不思議でたまらんですよ」

休憩するのはご飯を食べるときだけ。それ以外は休まず石炭を運び続けた。

「石炭を運んで船のダンブルに入るわけでっしょが。そら、真っ黒ですたい。人の顔見て笑いよったけど、私も笑われよった。自分の顔はわからんもん」

大変な重労働に、何度も仕事をやめたいと思ったが、家族がいたからやめることはできなかった。雨が降っても炎天下でも、一年中石炭運びに従事した。それでも賃金は安かった。

「出来高払いで、土地のもんが一円五十銭か六十銭もらうときに、私たちは七十銭、八十銭くらいだったですかね」

現在は埼玉県川口市に住む川田幸吉さんも、かつてはごんぞうだった。

荷役作業には、石炭を運び込むほか、硫安《りゅうあん》や砂糖、塩など、外国から輸入されたものを船から運び出す作業もあった。巻き上げ機でいったん船からおろした荷物を、人力で倉庫に運び入れたり、貨車に積んだりするのだ。

貨車に積みこむときは、ドンゴロスという麻袋を、左右からふたりが、担ぐ人の両肩に乗せた。

「三間はしごの渡り鳥って言ってね、長さは三間だけど、はしごは十六段あって、屋根くらいある。それを朝から晩まで続けるわけです」

一回に運ぶ荷物は百キロほどもあった。

「何千トンという大型船でしょう、朝の八時から仕事をしても、人力だから、いつ終わるかわからない。夕方終わるときもあるし、終わらないときは残業する。一日中、同じ仕事を終わるまでするんです」

「ごんぞうは、基本的には与論の人ばっかり。大牟田の地元の人もいたけど、この人たちは一日いくらという日給制。与論は、一トン担いで入れていくら。量によって賃金が決まるんです。電車やローダーの運転は内地の人がしてました」

三池争議

一九四九年、ＧＨＱは、「太平洋岸製油所の操業再開及び原油輸入に関する覚書」を発表し、これによって、戦後操業を休止していた日本石油・東亜燃料・大協石油・丸善石油・三菱石油・興和石油の各精製工場が、操業を再開する。

石炭から石油への転換の第一歩だった。この背景には、国際石油資本によって続々と開発される中東の石油の市場に、日本も組み込まれたことを意味していた。石炭から石油へと大きく舵を切ったこの背景には、アメリカの思惑があった。

一九五〇年、朝鮮戦争が勃発、石炭の需要が増大し、石炭業界も特需に沸いた。しかし三年後に停戦となり、景気が去ると、大規模な不況が襲った。

機械化やエネルギー転換の大波は、明治の移住以降ずっと続けられてきた与論の民の仕事も大きく変えようとしていた。人力だけですすめてきた貯炭場にベルトコンベアが導入されると、与論の民の入函作業が大幅に減った。また、入港する船の燃料が、石炭から重油に変わっていったことで、燃料の積み込みに寄港していた船が激減し、船積み作業も大きく減った。

与論の民の余剰人員の問題が浮上し、年配者や子供のいる女性労働者に対して肩たたきが行われ、続いて男性に対しても、希望退職の募集が行われた。それでもまだ人が余ったので、船からの硫安や砂糖などの積み下ろし作業をする雑貨倉庫勤務、宮浦坑の選炭場などに配置転換が行われた。

全国の中小の炭鉱が閉山に追い込まれるなか、一九五三年、会社は、三池炭鉱の合理化を図る目的で、六七三九人の人員整理を発表した。この中に与論出身者は二二四人含まれている。戦後発足した三池労組はこれに反発し、全国の三井鉱山傘下の組合などと連携して、一一三日間にわたるストライキなどの闘争を展開する。そしてこの解雇通告を撤回させた。これは、「英雄なき一一三日間の闘い」と呼ばれ、三池労組は一躍その名を高めた。

戦後、GHQによって労働の民主化が図られるなか、与論の民は戦後、初めて会社の「直轄」となる。これによって、与論島出身者も労働組合に組み入れられることになるのである。それまで一段低い立場に見られていた与論の民が、やっと、労働組合という枠の中で、他の労働者と同じ立場に立つことができたのだ。与論出身者も、組合という組織のなかで、自分たちの立場を主張することができることになった。

一九六二年、遂に石油の輸入が自由化された。国内炭は極端な値引きが要求され、全国の炭鉱では、首切りや閉山が相次いだ。黒い羽運動と呼ばれる、炭鉱失業者へのカンパ運動も福岡市などで始まった。

このような状況の中で、「総資本対総労働の闘い」といわれた三池争議が起こるのである。

三池炭鉱には、大牟田出身で九州大学教授の向坂逸郎《さきさかいつろう》が頻繁に訪れていた。三池を、社会主義革命の拠点と位置づけていた向坂は、労働者に『資本論』などを講義する。労使協調路線で「眠れる豚」と酷評されていた三池労組は、次第にその性格を変えていく。

三池炭鉱では、一九五三年の合理化策に失敗して以来、経営の悪化が続いていた。三井鉱山は、労働者の中から活動家を一掃しようと、一九五九年、退職勧告に応じない一二〇〇人を指名解雇とした。労組側はこれに反発し、無期限ストに突入する。会社側もロックアウトに出て、労働者の坑内への立ち入りを禁止し、全面的な対決姿勢を見せた。財界が三井鉱山を支援した一方で、

レールを枕に休息する三池労組員（1960年7月19日）『みいけ闘いの記録』（三池炭鉱労働組合編）

日本労働組合総評議会（総評）が労組側を支援したため、「総資本対総労働の闘い」とも言われた。ストライキは長期化し、労働者は総評からのカンパで食いつないだ。一二〇〇人の指名解雇者のうち、与論出身者は三十七人となっている。

大牟田・荒尾与論会会長、町謙二さんの父親・正光さんは、当時、三池労組で書記をしていた。町さんは、組合運動に奔走する父親の姿をよく覚えている。

「与論の民にとって、組合員になるということは、他の労働者と仲間になるということでしょう。与論の人間にとっては、とっても嬉しいことだったのではないでしょうか」

同じ与論出身で、三川坑で働いた西脇仲川さんも、三池労組の幹部として活動した。闘争中に与論出身者は六人検挙されているが、そのなかのひとりだ。現在九十七歳の西脇さんは、今も三池労組のヘルメットを大切に保管している。

「与論ということで、会社からずっと差別されてきたんです。差別されれば差別されるほど、反発するのが人間というものじゃないですか」

一九六〇年、会社の意向に沿った「第二組合」が結成され、労働者は分断される。同年三月には、ピケを張っていた三池労組の久保清氏が、暴力団員に刺殺される事件まで発生する。三池労組は出荷前の石炭を貯蔵しておく三川坑のホッパーを占拠。全国からかけつけた支援者で、ホッパーには二万人のピケラインが張られた。しかし、福岡地裁が、労働者のホッパーへの立ち入り禁止の仮処分を下すと、福岡県警は、ホッパーを占拠している第一組合の労働者を排除するため、警官隊を差し向けた。一触即発の事態に、日本炭鉱労働組合（炭労）と三井鉱山は、中央労働委員会に事態の解決を一任した。

八月、委員会は斡旋案を発表したが、その中身は、「会社側は指名解雇を取り消す代わりに、一ヶ月の整理期間を待って、指名解雇者は自然に退職したものとみなす」という、圧倒的に組合に不利なものであった。しかし、もはや組合に闘いを継続する力はなく、炭労も総評も斡旋案の受諾を決めたため、三池労組もこれに従うしかなかった。

十一月十一日、三池労組はストライキを解除。一年に及んだ三池争議は、組合側の敗北に終わった。労働者側の敗北という三池争議の帰結は、その後の炭鉱の労働環境に大きな変化をもたらすことになる。また、日本全体の労働運動は沈滞し、労使協調路線が浸透、労使対決型の運動は少数派となっていくのである。

そして、指名解雇された労働者は、三池を去ることとなった。

与論の民への差別

三池争議が終わり、一九六〇年十二月一日、三一三日ぶりに三池労組員は仕事に復帰した。三池争議に敗北した三池労組の労働者には、会社によるあからさまな差別が待っていた。危険で金にならない場所には第一組合の人間を配置し、逆に、仕事のしやすい現場に第二組合の人間を優先的に配置した。

最後まで第一組合員だった平川道治さんは、永い間、炭鉱電車の操車係だった。三池闘争を青年行動隊として闘った。現在六十八歳。

「久保清さんが亡くなったときは、バイクで偵察に行きましたよ」

平川さんは、炭鉱の仕事をしながら早朝の新聞配り、土木工事と、アルバイトをいくつも掛け持ちした。第一組合に残った平川さんは賃金が安く、アルバイトをしないと食べていけなかったのだ。

「大牟田駅の下には側溝があって、そこにもぐって、どぶさらいをしましたよ。臭いなか、手作業です。荒尾市役所の前の防火水槽も、生コン入れてつくったんですよ。会社では、汚い、危険、お金にならない現場にやられたですよ」

三池労組発行の『三池炭鉱労働組合史』には、「会社のネライは、生産上重要な職場を第二組合でかためて、生産第一主義・保安無視、そして、三池労組のストライキを無力にすること、差別によって組織の切り崩しを押し進めることにあった」と記されている。

炭鉱では、基本給が低いために、公休出勤や残業手当が大きな収入源となっていた。昭和三十七年の三池炭鉱の一日あたりの賃金は、坑内で平均八八二円二十銭、坑外で平均六五二円九十銭となっている。組合の幹部などは、本来の仕事から外され、基本給のみの雑役にまわされたという。また、頭を上げて作業ができないような、労働条件が悪く危険な採炭現場へ配置されたりした。

会社は、三池労組員に、第二組合への勧誘を露骨に行ったという。第二組合にくればいい職場にまわす、退職金が増えると勧誘し、「親が三池労組だと、子供も就職口が見つからない」と脅した。

「心は三池労組だけど、と言いながら、仕方なく第二組合に行った人も多かった。子供が就職できないと言われると弱いですよね」

争議が終わって就労が再開されたころ、労働者一万二七二〇人のうち、三池労組は六九五〇人、第二組合は五七七〇人で、三池労組が第二組合を一一八〇人上回っていた。しかし、一年後には、三池労組が四九二一人に対し、第二組合は六九七〇人と逆転している。

与論の民は第一組合に残る人が多かった。結束して会社と闘う姿勢を鮮明にしていた。大牟田・荒尾地区与論会会長の町謙二さんは、与論の民の虐げられてきた歴史がそうさせたと思っている。

与論会の田畑重美さんは、新港町の記憶を述懐する。

「同じ社宅でも、門とレンガ塀があって、その中に隔離されている感じがありましたね。今思うと、収容所、という感じかな。会社の人たちも、与論はまとめて管轄した方が便利ということだったんじゃないのかな」

池田和枝さんも、忘れられない記憶がある。

「社会の授業で、大牟田の歴史を学んだとき、先生が、ヨーロン、という言葉を使ったんですよ。表情のニュアンスで、ちょっと軽蔑しているなということがわかったから、勇気を出して手を上げて、与論島《よろんじま》を知っていますか、とても美しい島です、と反論しました」

与論出身の池畑重富さんは、新港町で豚の餌を集めていた。

「豚の残飯を集めてまわりよったら、小さい子供に、おっちゃん、臭かけんあっち行け、って言われて悔しかったですよ」

当時大牟田市の小学生だった地元の女性は、大人たちが与論の民を遠巻きに見ていたことを記憶している。

「学校では、大人を見たら挨拶しなさいと言われていたのに、まわりの大人から、あの人たち（与論島出身者）には挨拶してはいけないとい言われていたんです。言われて怖い感じになってしまって、どういう人たちなんだろうと思いました。どうして挨拶してはいけないんだろうってずっと思っていました。一度思い切って挨拶したら、返してくれて、普通の人と同じだと思いました」

貧しさ、差別、偏見の中で、人びとは更に結束を深め、会社にも抵抗したのだ。しかし、与論出身者は、当時の暮らしのことを、別の意味でとても豊かだったと口を揃える。

「与論の人たちは助け合って暮らしてました。朝鮮、ヨーロン、豚飼って臭い、と言われながらも、よく働いて生き生きしていました。みんなが貧しいながらも、助け合って生きていました。両親が一生懸命働く姿を見ているから、私も働くことが全然苦になりません」

「向こう三軒両隣どころのものではなかった。一角全部で味噌しょうゆを貸したり借りたり。あんなところ、どこに行っても他にはないですよ」

新港町、豚の餌をあつめる(昭和30年代はじめ頃)

海に面した新港町では、大人も子供も、魚を釣り、貝を拾って生活の足しにしていた。

「もち貝、つべた（貝）、つけあみをすくって漬けたり。のりをとって来ては網にほしてました。のりは、売った残りを佃煮にしていましたよ」

「豚の餌や残飯や豚のにおいの中で育ったようなもんですよ。豚が買われていくときは悲しくて泣いてね……」


四人兄弟の長男だった町さんは、貧しい暮らしの中で、子供の頃からアルバイトをしていた。小学校三年生から新聞配達を始めた。中学生になると、アルバイトを掛け持ちするようになる。深夜三時からの新聞配達が終わると、そのまま豆腐屋に行き、豆腐の入った箱を自転車に積んで売ってまわった。

「新港町に豆腐を売ってる子供は三人いたかな。ラッパの吹き方もそれぞれでいろいろ工夫してね。形の悪いやつは持って帰れって言われて嬉しかったですよ。母ちゃん、きょうは五円だったばい、って母親にお金を渡して、そのまま学校に行きよったですよ」

しかし、もともと広島で被爆していた父親は病弱で、三十代から入退院を繰り返していた。このため母親は、失業対策で土木仕事に出ていた。

「貝を焼くのも、にわとりつぶすのも、みんな、親父の喜ぶ顔を思い浮かべて、親父の病気がよくなるようにと思ってしよったですよ」

「大きいトラックがでこぼこ道を走って行って、左に右にカーブするじゃないですか。するとさあ行けって。石炭を落としていくから、追っかけていって拾ってうちの焚きものの足しにするんですよ」

お金がなくて、生活保護を受けていた時期もある。クラスでただひとり、学校の教材が買えなかったこともあった。

「生活保護受けてる、っていうのが子供同士でもわかりますからね。冷ややかな目で見られてました。でも、親を恨んだことは一度もなかった。親が喜ぶことをするのが自分の役割だと思っていたですよ」

町さんも、子供のころ差別をされた。

「与論のよを伸ばしてヨーロン、って言うとですよ。ヨーロンってみんなではやし立ててぱーっと散っていくとですよ」

そのたびに町さんは言い返した。

「与論がどこにあるか知っとっとか。『血統書付きの日本人』ぞ」

与論の仲間がいじめられると、皆で仕返しに行った。町さんの父親は、与論出身であることを隠すことはないと、ことあるごとに息子に言った。

「よかか謙二、何もはずかしかことはなか。お前、差別には負けんもんね。日《ひ》にちが薬で、だんだんわかってもらえるようになる。伝えていくしかなかっぞって、いつも言ってました」

父親は町さんが物心つくころから、町さんを自転車の荷台に乗せて、与論の民の納骨堂に連れて行き、そこで行われる慰霊祭や演芸会に参加させた。父親はいつも司会を務めたり、会議で書記をしたりして、甲斐甲斐しく働いていた。

「謙二、よう見とけよ。親父の仕事振り、しぐさ。行動をよう見とけ。お前もいずれ、せんといかんのだからって言ってましたよ」

闘病生活の長かった正光さんは四十二歳の若さで亡くなる。町さんが二十歳のときだ。成人のお祝いに、弟が町さんに西陣織のネクタイを贈ったのを見て、正光さんは嬉しそうだった。

「成人したけん、一緒に酒を飲もうって親父が言ってね。でもその言葉が最後だった」

町さんはカメラの前であることを忘れたかのように号泣した。

「親父がね、いつも、俺の後ろにおると思っています」

町さんは父親の遺志を継ぎたいとずっと思ってきたのだ。

父親が亡くなると、入れ替え採用で、母親が石炭の選別の仕事に従事するようになる。

町さんが結婚したのは二十三歳のとき。父親が亡くなって二年後のことだった。町さんが結婚した征子さんの両親は、町さんが新港町出身だということで猛反対した。しかし征子さんはきかなかった。

「両親は町さんの身元を調べんといかん、と言ったんです。でも私は町さんが好きで結婚するんだから、そんなことをしたら家を出て行く、と言いました」

二人は意志を貫き結婚する。以後征子さんは、町さんの最大の理解者となり、ずっと傍らでその活動を支えることとなる。

生前、父親の正光さんが力を注いだのが、代々子孫が受け継ぐことのできるような、与論の民の納骨堂の建設だった。それまでの納骨堂は雨漏りのする古いものだったのだ。

与論、口之津から移住してきた先祖を祀り、敬い、それを次代に引き継いでいくことは、これまでの先祖の足跡を確かなものするはずだ。そして、今後も、この地で生きつづけるという覚悟の後ろ盾になるはずだからだ。

炭塵爆発、そして閉山

三川坑炭塵爆発事故

石炭をめぐる情勢は更に深刻化していった。政府は一九六二年五月、内閣総理大臣の特命の石炭鉱業調査団を発足させる。しかし、十月に出た第一次答申は、労働者側の期待と大きくかけ離れたものだった。答申は、「石炭が重油に対抗できないということは、今や決定的である」としたうえで、「産炭地の崩壊が、石炭産業の労使、産炭地、国民経済にもたらす社会的衝撃をいかにして和らげるか」と、将来石炭産業がなくなることを前提としていた。それまでの石炭と石油の競争による両者の共存から、重油を主体とし、石炭を従とするスタンスのもと、石炭をどうやって限定的に保護していくか、という政策に移ったのである。この第一次答申の時点では、国内炭五千五百万トンの確保をうたっていた。

また、このとき答申は、能率の悪い中小の炭鉱をつぶし、能率のよい炭鉱だけを残す「スクラップアンドビルド」を提言した。筑豊の三井田川・三井山野・貝島・三菱などに合理化の提案がなされ、閉山、解雇が相次いだ。一九六三年一月から十月までに、筑豊を中心に九州で一万人の炭鉱労働者の首が切られていった。存続が決まった三池炭鉱は、その後徹底的な合理化が図られることになる。

石炭をめぐるこのような状況のなか、三池争議に労働者側が敗北したことは、労働環境にも大きな影響をもたらした。生産第一主義が強力に押し進められるのである。一九六一年一月から三月にかけて、四山坑で死亡事故が相次いでいる。

平川道治さんは、最後まで第一組合で会社の合理化と対峙してきた。あの頃の生産は、何よりノルマ第一主義だったと振り返る。

「三井で年間五五〇〇万トンという目標が出たら、三池で二〇〇〇とか、二五〇〇とかの目標が課せられるわけですから、それを達成するために、課長も係長も、すべてノルマに集中するわけです。

現場では、そのノルマを達成するために、また細かいノルマがある」

　そんななか、最新鋭の設備を誇った三川坑で、大事故が勃発する。

　一九六三年十一月九日。三川坑で、大規模な炭塵《たんじん》爆発事故が発生した。午後三時十五分ごろのことだ。この時間はちょうど作業員の交代の時間にあたっていて、入坑する者、あがる者、残業する者が入り混じって、坑内にはおよそ千四百人がいた。事故は、三川坑の第一斜坑で発生した。労働者を坑内に運ぶ人車《じんしゃ》の連結部分が切れて暴走し、車輪の摩擦熱が発火、坑内に積もっていた炭塵に引火して爆発が起こったのである。四五八人が死に、八三九人が一酸化炭素中毒になるという戦後最悪の炭鉱事故となった。

　当時、大牟田に住んでいた林隆寿《たかとし》さんは小学校の四年生だった。この爆発の様子をよく覚えている。

「土曜だったと思います。学校から帰って漫画本を見ていました。三池港の方で、どーんと大きな音がして、黒い火柱が立って大人が大騒動してました。そのときは発電所が爆発したと言っていました。真っ黒い火柱が百メートルくらいあがったと思います」

　林さんの父親は三川坑で働いていた。まだ親父が坑内にいると、家では大騒動になった。母親は、弟と妹を連れて三川坑にとんでいった。隆寿さんは、テレビに父親の名が出るかもしれないから、テレビを見ているように言われた。

「月賦で買ったばかりのテレビをじっと見てましたよ。まだ出ない、まだ出ないって言ったら、まわりの人に、出ないほうがいいんだって言われました」

炭塵の清掃、水撒き、岩粉の散布という原則を守っていれば、事故が発生することはなかった。総資本対総労働の闘いといわれた三池争議が、労働者の敗北という形で終わると、会社は、作業を合理化し、生産性を高めることに躍起となり、この原則が守られなくなったのだ。一九五九（昭和三四）年末で一万五一六〇人だった従業員は、一九六二年五月には、一万一七九七人となり、およそ三四〇〇人が減少している。一方で、一日あたりの出炭量は、四〇〇〇トンから八〇〇〇トンへと二倍になっている。保安教育や、事故を起こさなかった場合に出される賞金など、安全確保のための予算は大きく削減された。保安を担当する職員も激減した。

与論出身の池畑重富さんも事故にあった。池畑さんは、鉱山学校を卒業したため、荷役ではなく、三川坑の坑内で、採炭機械を動かす仕事をしていた。

以前は、坑内から上を見上げると、坑口が丸く、くっきり見えていたのが、合理化が進みだしてから、煙ったような状態でかすんで見えたという。空中に粉塵が舞っていたのだ。

「足元に茶の濃い色の粉が溜まっていて、歩くと、地下足袋がぶくっとなって、足袋の跡がつくという状態になっていました。あとで考えると炭塵が積もっていんです。その時は、それがどんな意味を持つのかよくわからなかったんです」

池畑さんは、事故後に、事故が極端な合理化によるものだということを実感した。

「以前は、ひとつの斜坑に十二台のベルトコンベアがあって、それぞれに、ひとりずつ保安員がついて、清掃したり、散水したり、岩粉を撒く人がいたけど、それが闘争後はひとりもいなくなったとですよ。機械だけが動いていた。生産が第一になってしまった。間接夫が、石炭を出す直接夫の方に配置換えされてしまったんですよ」

「ドイツ製とか、そういう最新の機械で石炭を自動で切っていく、そういう形になったら、ひと払いで、五十人いた労働者が十人になった。そげんふうに人間がばあっと減らされて。あとはもう、機械から人間が使われるような感じがありましたね。坑内には、安全第一という十字の旗と三井の旗があった。だけど、坑内は戦争より怖かった。今、私はそう思う。そんななかで、みんな働いてきたんです」

この事故にあった林寿雄さんは、こう述懐する。

「日本の産業はみなそうだったんじゃないですか。一生懸命働け、働け。頑張れ、頑張れで。それによって給料があがる。そういうやり方を日本の国はやっとったんじゃないですか。私たちも、自分たちが先頭に立って、国を引っ張ってる、というような誇りを持っていましたからね」

爆発のとき、池畑重富さんは休憩所にいた。突然、ばーんという風圧を感じたと同時にライトが消え、音がしなくなった。何かあったらしいと皆で話しながら昇坑の準備をしていると、だんだん空気が小豆色に変化し、濃くなっていくのがわかった。

「こら、ガスばい」

真っ暗な坑内で、池畑さんは前も後ろもわからなくなった。ヘルメットのキャップランプを外し、足元のレールを見ながら、数人で固まって、よそに行くなよ、と言いながら歩いていった。

もともと炭鉱の現場労働者に、炭塵爆発の教育はほとんどなされていなかった。爆風などで直接死亡した五十人の他は、「跡ガス」と呼ばれる一酸化炭素中毒による死者だったのだ。新鮮な空気が入るはずの入気道で、流れてきたガスを吸った者、人車で待機するよう言われ、そのままガスを吸って死亡した者、昇坑したあと、救助のために再び入坑し、そのために重篤な一酸化炭素中毒になった労働者も多い。

あちこちで、異変が起きていた。

「何キロも同僚を引っ張ってきて、おいしっかりせえって、ほっぺたをたたきよる者もいれば、人工呼吸している者もいました。向こうから、三人ばかり肩組んで、頑張れ頑張れって言いながらきよるでしょう。肩組んだまま、左側の水路に頭突っ込んで。ぐぐっと動いてから、そのまま流されていくとですよ。暗闇の中で、ランプの入り乱れて光っとったです。みんなあがんして死ぬとかねえって思いました」

地底は、地獄絵だった。

「みな倒れて、泡をふいたり、腹の中のものをみんな出したり。地底でもがき苦しんでいるのを見てきたですたい。なんまいだ、なんまいだ、と言ったり、助けてくれ、助けてくれ、と言ったり。そんな人たちがあとで無言になっていくさまをずっと見てきたですたい」

池畑さんも、そのうち、足がふらついて思うように歩けなくなった。

「俺もこれで仕舞いばいって思って。俺の親父のように体格のよか先輩の横に座り込んだとです」

胸ポケットに持っていた、携帯用の与論の民謡集に、池畑、と名前を書くと、そのまま意識がなくなってしまった。

林寿雄さんも、爆発後、懸命に出口を目指して歩いていた。林さんは濡れたタオルを口にあててガスを吸わないようにして歩いた。まわりで次々に人が倒れていった。

「すとっというような音。どーんと倒れるんじゃなくて、立っている人も、パイプに座っている人も、仰向けにひっくり返ってね。不思議なんだけど、音も何も出ない。すとっすとっ、ってね」

水路の中に落ちていく同僚もいた。

「起こしてあげて、せめて淵に引き上げて、首だけでも出してあげたいんだけど、それができない。力がしなびてなくなっていくんです」

林さんも死を覚悟した。パイプに座って、落ちていた石炭を拾って、懸命に文字を書こうとしたが、うまくいかない。その日は、昇坑後、長女と保育園の遠足に参加することにしていた。遠足に参加できないのがとても無念だった。

「美智子、きょう遠足だったよね。お父さんいけなくてすまん、って。そう書こうにも書けない。一生懸命こすって書いたけど」

林さんも意識が遠のいていった。

「真空管のテレビがふわーっと消えていくような、そんな感じで気が遠くなってしまったんです」

林さんは救助隊に救出された。

林さんが帰ってこないので、家ではひそかに葬式の話がされていたのを、長男の隆寿さんは覚えている。

「ひそひそとね、大人は葬式の話をしてましたね。私を与論に帰して、小さい妹と弟は叔父さんが引き取って育てようと話していました」

しかし、林さんは救出され、歩いて家に帰ってきた。家に集まっていた人たちは、与論の同胞だった。沈痛な空気は一転、はじけんばかりのお祭り騒ぎとなった。三線弾いて、太鼓たたいて大騒動になった。

「近所の人たちがいっぱい集まってね、生還を祝ってくれた。嬉しくて嬉しくてね」

林さんはあふれる涙をぬぐった。

一酸化炭素中毒とは、一酸化炭素が血液中のヘモグロビンと結合して酸素が欠乏し、生体、とりわけ最も酸素を消費する脳神経細胞の機能を退化させ、破壊してしまう。重症になると植物人間となる。急性期を過ぎていったん回復しても、震えやめまいなどの症状とともに、平衡感覚や集中力、記憶力の低下、人格の変化などが起こる。

初期の患者には、酸素消費を抑える一方で、酸素を供給してやれば、再びヘモグロビンと酸素が結合する。このため、患者は、初期の治療として絶対安静が必要とされるが、実態は、救出後も彼らは仲間の救護に駆り出され、通夜や葬式の準備などに走り回った。このことで、重篤な障害を残すことになった人も多い。

事故後、池畑さんも、忘れっぽかったり、口の中に潰瘍ができたりと、多様な症状に苦しんだ。なかでも、目の前で仲間が次々に悶えながら死んでいくさまが忘れられず、その記憶がしょっちゅう蘇ってきた。事故の起こった十一月九日が近くなると、今でも決まって悪夢にうなされる。

「うちのね、ほら、そこの押入れを開けると、死んだもんがいっぱい、飛び出してくるとですよ。怖くて怖くてね」

そのうち、生きながらえてしまった自分を責めるようになる。仕事もできない自分が許せなかった。

「俺は生きとっても意味のない人間かなって自問自答し始めて。粗大ごみみたいに棄てられた方がいいんじゃないかと思ったり。そげんこつば思いよったら、行き着くところは、自分で自分の身を始末せなならんというところまで行ったとです」

池畑さんはうつ病と診断される。その後、中毒が原因とみられるパーキンソン病も発病。ここ数年は、ずっと部屋にこもったままだった。

炭鉱労働者の命の軽さ

与論会の会長・町さんが、久しぶりに池畑重富さんの自宅を訪ねた。池畑さんが与論会の集まりにずっと参加していなかったので、気になっていたのだ。池畑さんと町さんは、新港町の社宅で兄弟のようにして育った仲だ。町さんが池畑さんを訪ねるのは一年ぶりだという。最近池畑さんは、うつ状態が続いて、あまり人と会っていなかった。

「お邪魔お邪魔。久しぶり」

町さんがいつもの、豪放磊落な調子で部屋に入っていくと、池畑さんは嬉しそうな顔をした。

「久しぶり。元気やったね」

ずっと家にこもっていたせいか、顔色はあまりさえない。でも町さんを見て、表情がぱっと明るくなった。

池畑さんは、三歳のとき、一家で与論から大牟田に出てきた。与論では父親は漁師をしており、母親はとった魚を売りさばいていた。しかし、故郷で一家が食べていくことはできなかった。

大牟田で、父親はごんぞうとなった。生活は苦しく、戦時中は、落ちていた鉄かぶとを拾ってきて、空いていた穴をアルミで埋めて鍋として使ったり、パラシュートを拾ってきて、母親がかばんをつくってくれたりした。味噌汁に入れたらどうかと、父親が、倉庫から塩を持ち出し、足に巻いていたゲートルに隠して持ち帰ってきたこともあった。

父親の肩にあった大きなこぶを、池畑さんは今でも覚えている。

「うちの親父はね、肩の真ん中に担《にな》いこぶができていた。帰ってきて、ばたんって寝ころがってね、体を足で踏めっていうんですよ。明日もがんばらないかんて」

来る日も来る日も、体を酷使しての重労働だった。

「働くことを忘れんでがんばれよ、ということを、親父から教わったはずなんです」

事故にあってからは、思うように働くことができなかった池畑さんは、その現実にずっと苦しんできた。

生還できた八三九人には、苦しい人生が待ち受けていた。労災の期限が切れた三年後、七四四人が治癒認定を受けたのだ。明らかに働くことのできない人が多かったにもかかわらず、坑内に戻って働くか退職するか、どちらかの選択を迫られた。一酸化炭素中毒の後遺症に苦しむ人たちにとって、坑内で働くのはとても無理だった。結局、ほとんどの人が坑外の軽作業についた。賃金は半減した。

満足に働くことのできない、事故後の生活は苦しかった。池畑さんは、当時中学生だった娘さんが書いた作文を見せてくれた。

「私が保育園に通っていたとき、誰も迎えに来てくれないことがありました。あとで父が忘れていたと知り、腹が立ちました。父の仕事場に行ったとき、父はほうきではわいていました。このとき、父の仕事が掃除だったことを知りました。父の給料は十万円ちょっとでした。この大企業に三十二年も勤めているのに、なぜこのくらいの金か理解ができません。母が家計をつけているときに、どうしてやりくりしているか聞いたことがあります。そのときは誰にも言わない約束で、母がずっと実家から生活費を借用していたことを教えてくれました」

池畑さんは声に出して作文を読んでくれた。保育園のお迎えを忘れたのは、中毒の後遺症がさせたことだ。子供が職場に来たときも、何とか解雇されずにすんだことを喜んでほしいと願っていた。しかし、子供は、健康だった父親がなぜにこうなってしまったのか、気持ちの整理がつかなかったのだろうと池畑さんは思っている。

「いずれにせよ、親の責任を果たせなかった歯がゆさはどうしようもないですよ」


池畑さんが、久しぶりに、私たちと一緒に三川坑を訪れた。車を降りると、池畑さんは正門前の道路をゆっくり歩いた。百メートル歩くのがやっとで、すぐに息切れがする。三川坑の正門は閉じられたままだ。大きな木の扉は破れていて、そこから覗くと、中は廃墟となっていた。

正門脇の、守衛がいたブースは半分壊れ、コンクリートの地面の割れた部分から雑草が生い茂っている。

「わー、なんもなか」

池畑さんは声をあげた。

「記憶をとどめるためにも、あってほしかったと思うですよ。こうして抜け殻のようになってしまって、この中で多くの人がもがき苦しんだ、そのあとも要求をしながら頑張ってきた、そのことも含めて、昔のことだって、言われてるような気がする。それが悔しいですよ。私をこういうふうにした跡形が何もない」

四五八人もの人が命を落とした現場。犠牲者の名を刻み込んだ慰霊碑をつくるでもなく、もう思い出したくないと、取り壊すでもない。利潤があがらなくなったから、放置してあるだけ。

「被災させた本質、そのものだなって思うですよ。ばっと斬って、斬り殺して去っていく、そういう跡形のような気がするですよ」

池畑さんは、次に宮浦坑を訪れた。三川坑と宮浦坑は中でつながっていて、池畑さんはここの坑口から救出された。

「トラックに積んでもらったのはうっすらと覚えています。ほろをかけられて運ばれました。気がついたら、病院で何人も頭を並べて寝かされとった」

宮浦坑は、煙突だけ残されて、あとは石炭公園として整備されている。坑内で動いていた機械や、労働者を坑内に運んだ人車が展示してある。

「観光用というか、なれ果ててしまった、という感じだな」

久しぶりに宮浦坑を訪れた池畑さんは悔しそうだった。


この事故で、死者四五八人に対して支払われたのは、ひとりあたり四十万円と、葬祭料十万円のみ。それも、当初は三井鉱山がひとりあたり十万円と言っていたのを、三池労組がなんとか四十万円に押し上げたのだ。

三川坑の事故と同じ日に、東海道線（当時国鉄）が横浜市の鶴見区内で二重衝突事故を起こし、十六人が死亡したが、その死者には最高一一九〇万円、最低でも一二四〇万円が支払われている。これと比較しても、炭鉱労働者の命の値段がいかに安かったかがわかる。

一九七二年に、二家族の四人の被害者が、また翌年には、三池労組が全面的にバックアップして、遺族一六一人、患者二五九人が損害賠償請求訴訟を提起する。一九八七年、原告は死者ひとりあたり四百万円という和解案を受け入れている。一方、和解拒否派は、新原告団を結成して裁判を続けた。一九九三年、福岡地裁で勝訴、補償金は先の和解案とほぼ同額だった。原告も被告も控訴せず、判決は確定した。

炭坑節哀歌

池畑さんが、同じ一酸化炭素中毒で、事故直後から四十五年間入院生活を余儀なくされている清水正重さんを病院に訪ねた。清水さんは重度の中毒患者で、脳をおかされ記憶が不鮮明だ。話もつじつまが合わないことが多く、視力もほとんどない。

「正重さん、こんにちは」

池畑さんは清水さんに挨拶したが、清水さんは池畑さんの声に聞き覚えがない様子で、妻の栄子さんの方を向き、誰だか尋ねた。

「池畑さん。いけはたさん」

栄子さんが耳元で、池畑さんの名を告げた。清水さんは、池畑さんの名を覚えていないようだった。

「やせたごたるね」

久しぶりに清水さんを見て、池畑さんがつぶやいた。池畑さんが自分の頭を撫でさすった。

「お互いに年とったね。俺も、こんなに髪が少なくなってしまった。組合では、鉢巻締めて、お互いがんばったばってんね」

池畑さんの人懐っこいおしゃべりに、幾分緊張気味だった清水さんの表情が和らいだ。清水さんも昔を思い出したようだった。

「俺は剣道四段」

「そうよね。正重さんは強かったもんね。子供にも教えよったもんね。マラソン大会も早かったね。あの頃は楽しかったね」

清水さんが笑顔を見せた。


清水さん、今一番訴えたいことは何ですか。清水さんに尋ねた。

「頭」

即座に答えが返ってきた。厳しい顔だ。

「頭、くるくるぱー」

清水さんが頭をたたいて見せた。清水さんの表情が、途端に、子供のような無邪気な表情になる。

「そういうことを訴えたいですよね」

そういうと、清水さんは真顔で深くうなずいた。

「ベートーベンの運命だもんね。じゃじゃじゃじゃーん」

清水さんはまた邪気のない笑顔を見せた。表情が一瞬でくるくる変わる。

「そりゃあ運命じゃろな。ベートーベン、バッハ、シューベルト……」

「誰が一番憎いですか」

「そりゃあ、三井鉱山やろな」

冗談を言っていた清水さんだが、しかし、すぐに真顔に戻った。

視力はないという。でも、清水さんはしっかりと正面を見据えている。その焦点は何に結ばれているのか。

「会社に対する怒りはものすごく持ってますよ。そういうふうな話になるとね、涙を浮かべて話します」

妻の栄子さんが夫をじっと見つめる。

清水さんは、目の底に深い悲しみを沈めている。怒りとあきらめが鉛色のまぶたの裏に沈澱している。

「私も来年は七十ですよ」

池畑さんが言うと、清水さんが答えた。

「もう八十四歳。大正十三年、ねずみ年」

三十八歳で事故にあって以来、四十五年間、人生の大半を病室ですごしながら、清水さんはどういう思いで自分の年を数えてきたのか。

清水さんは手にハーモニカを持っていた。清水さんは事故の前からハーモニカが得意で、労働歌や、童謡、民謡などを仲間の前で披露していた。

「意識不明から戻ったとき、言葉は出なかったけど、三池の歌を真っ先に歌いだしたんですよ」

栄子さんが清水さんに、一曲披露したらどうかと提案した。清水さんはハーモニカを口にくわえると、まず、三池労組の仲間でいつも歌っていたという「炭掘る仲間」という曲を吹いてくれた。池畑さんも、喜んで手拍子を打ってハーモニカに合わせて歌う。

「みんな仲間だ　炭掘る仲間……」

♪♪♪……

あれれ、途中から、曲が変わった。池畑さんも、手拍子は続けているが、歌詞が出ずに、ハミングに変わっている。

「花」だ。春のうららの隅田川……の「花」。こうやって聴いてみると、曲調が似ている。

清水さんは繰り返し演奏した。何度演奏しても、最初は「炭掘る仲間」だが、途中から「花」に変わって、最後は「眺めを何にたとうべき」で終わってしまう。

「なんか違うごたる」

池畑さんが言ったが、清水さんは知らん顔だ。ふたつの曲をミックスした歌が何度か演奏されたあと、池畑さんの先導で、やっと「炭掘る仲間」が最後まで演奏された。

拍手しながら、池畑さんが清水さんに語りかけた。

「一緒に鉢巻締めて、首切り反対ば叫んだよね」

清水さんの目のふちが赤くなって、うっすらと涙が浮かんだ。

清水さんが無言のまま、またハーモニカを唇に当てた。聞き覚えのあるおなじみのメロディーが、無機質な病室に、足元から少しずつ満ちていく。

炭坑節だ。

「月が出たでた　月がでた　よいよいっと」

勢いづいた池畑さんが、満面の笑みで応じた。

「三池炭鉱の上にでた」

「昔は、もっと、力強かったんですよ。ハーモニカの上下の二段全部を使って、全身で吹いてたけど、最近は一段しかふけなくなって」

栄子さんが、じっと夫を見つめる。

「あんまり煙突が高いので　さぞやお月さん煙たかろ　さのよいよいっと」

夕暮れの太陽が、炭坑節を歌う池畑さんの横顔を赤く照らしている。清水さんは逆光だ。シルエットになった清水さんは、またひとまわり小さくみえる。息を吸い込むとき、細い肩がかすかに上下して、生きてきたことを、そして、まだ生きていることを静かに主張している。

四十五年間棄ておかれた病室で、ひとり、過去をどう反芻したのか。見えない目で何を見据え、糾弾してきたのか。

ガスによって、記憶はまばらになってしまったという。しかし、果たしてそうか。地下四五〇メートル、長さ八〇キロにもわたる海底坑道で、人が絶叫し、夥しい数の仲間が斃《たお》れていった記憶は、今も誰より鮮烈だ。自らも壊れていくこと、会社から、国から、社会から棄ておかれることの悔しさ、悲しさ、怒り、そして諦め。一方では、仕事をして人間らしく生きていた頃への、身を震わすほどの、限りない追慕。

炭坑節とは、こんなにも哀調を帯びたメロディーだったか。

清水さんの細いハーモニカは、夕日に染まった病室の壁の中にも、深く、静かに、染み通っていった。

別れ際、清水さんは、池畑さんと握手を交わした。

「あいたたた……」

池畑さんが苦笑いをした。

「いたかあ。力強かね。ありがとうございました。力いただきました。私も元気になって、しっかり生きていきます。ありがとう、正重さん」

閉山へ

石油の輸入自由化以来、石炭をめぐる状況は悪化の一途をたどった。

石炭鉱業審議会の一九六六年の第三次答申では、五年間で十万人の首切りに加え、炭価の引き下げも提言している。翌六七年末の国内の炭鉱数は四十四、従業員数は合計二万千人で、十年前の二割にまで減っている。このとき、全従業員数の六割を三池炭鉱が占めている。

この第三次答申まで、国内炭五千万トンの生産がうたわれているが、この年の国内炭の生産量は四千六百万トンと、目標を下回っている。国内での石炭の需要は伸び続けていたのだが、価格の安い北アメリカ、オーストラリアなどからの輸入炭の量が増えたのである。一九七〇年には、国内炭と輸入炭の量が逆転している。

一九六八年の第四次答申では、「事業の維持・再建が困難となる場合には、勇断をもってその進退を決すべきである」と、閉山を是とする答申となっている。そして、「石炭鉱業の閉山、縮小はできるだけなだらかに行われるよう配慮する」としている。

このときの政策のひとつとして、「特別閉山交付金制度」を新設、企業ぐるみの閉山、つまり、いくつかの炭鉱を持つ企業がまとめて閉山する場合は交付金を増額した。

この「閉山交付金」を目的に、企業ぐるみの閉山が相次ぐ。宇部興産、山陽無燃など、一般炭のビルド鉱が倒産したのをはじめ、一九七一年には、本州の大手の常磐炭鉱・住友歌志内鉱・日鉄伊王島鉱などの原料炭のビルド鉱も閉山した。

一九七二年の第五次答申では、国内炭の生産は二千万トンに縮小、第六次答申では、海外炭の開発、円滑な輸入などがうたわれている。三池でも、三池坑と有明坑を合併するとともに、宮浦坑を廃止して三川坑に統合するなど、合理化がすすんだ。

一九七九年には、第二次石油危機が起こり、国際的にも石炭利用の機運が高まって、第七次答申では、国内炭の二千万トンの生産は必要との見方を示した。しかし、答申は企業に更なる合理化を求める内容でしかなかった。北炭・幌内炭鉱で労働者の首が切られ、一九八四年、三池・有明坑では火災が発生、八十三人が死亡した。

第八次答申では、一転して一千万トン体制に減らされる。更に閉山がすすみ、離職者があふれた。労働省は一九八六年に、石炭産業を特定不況業種に指定、省内に「炭鉱離職者対策本部」を設置した。一九八七年、三池では、四千八百人が合理化の対象となっている。石炭の輸入が増えるだけでなく、日本企業が海外に進出し、炭鉱を開発して現地の労働者に技術を教えて採炭し、日本に逆輸入するということも始まった。

そして一九九七年、三池炭鉱は遂に閉山した。官営時代から数えると一二四年、三井の経営になってから一〇九年の歴史に幕を下ろしたのである。

三池労組も、閉山の翌年解散した。三池争議の頃は多いときで一万七千人いた組合員は、会社からの切り崩しや、退職者の増加などで、最後は十五人となっていた。

ヤマの男を病魔が襲う

石の肺

三池労組最後の十五人のひとり、平川道治さんは閉山のときは五十六歳だった。現在六十八歳。今、大牟田駅の近くにある全日本建設交運一般労働組合（略称・建交労）大牟田支部の書記長をしている。この組合は、一九五〇年にレッドパージなどで職場から追われた大牟田の失業者たちが組合を結成したのが母体となっている。三階建ての事務所は、失業者の寄付で建てられたものだ。ここはひとりでも入ることのできる労働組合で、現在も不当解雇、賃金不払いなどの問題を抱えて、労働者が駆け込んでくる。労働者の駆け込み寺だ。平川さんはそれらの問題を、ひとりで、ひとつひとつ地道に解決している。

平川さんの机の上には、三池労組で最初の首切りに抗して闘った遠藤長市さんの写真が掲げられ、平川さんの仕事を見守っている。「労働者がひとりでするのは無理です。三池労組がなくなった今、私がするしかないんです」

今も、会社や国と対峙している平川さん。三池労組は解散したが、三池労組の最後のひとりに見える。

その平川さんの現在の大きな仕事のひとつが、塵肺《じんぱい》の裁判だ。塵肺は、長年にわたって吸い込んだ粉塵が肺に付着し、周囲がかさぶた状になって硬くなり、肺の機能が失われていく病気だ。裁判は、一九九三年に提訴、二〇〇二年に三井は企業責任を認めて、原告側に謝罪し、和解している。しかし新たに発症する塵肺患者については、「西日本石炭塵肺訴訟」を提起している。

塵肺は治らない病だ。比較的軽症の「管理区分二」から、最重度の「管理区分四」まであって、進行の具合は人それぞれだ。最後は自力で呼吸できなくなり、酸素吸入をして死に至る場合が多い。永年塵肺患者の発掘にあたってきた、大牟田市米の山病院の医師・橋口俊則さんは、塵肺患者の苦しさを「ストローでしか息が吸えない状態」と表現する。

塵肺はじわじわ進行していく。現役中はなんともなかったのに、やめてから発症する人が多い。閉山から十年たった今になって、かつての炭鉱労働者を、死の病が襲っているのだ。

この日平川さんのもとを訪れたのは、島郁《しまむら》正光さん、五十七歳。島郁さんは、末端の管理職として、有明坑で現場の労働者を管理する立場にあった。身体に異常を感じたのは現職のときだ。仕事中、荷物を運んでいると、尋常ではない息苦しさを覚え、病院に駆け込んだ。すぐに酸素吸入をして入院した。島郁さんは、自分が塵肺になるとは、夢にも思わなかった。在職中に診断されて以来、病状は進行している。

「進行早いらしいです。だから、この先長くないという感じですね。朝から病院に行って、そのあとは何もできない。片足、棺おけに突っ込んでいる状態だから、とても悔しいですよ」

島郁さんと話していると、ひゅうひゅうという音が言葉とともに漏れる。苦しそうだ。

島郁さんは、毎日米の山病院に行き、橋口医師のもとで、吸入などの処置をしてもらう。エックス線写真には、白くつぶれてつながった肺胞が写し出されている。

橋口医師が島郁さんの背中に聴診器をあてた。

「この冬はインフルエンザで同僚がたくさん亡くなっているから、気をつけてもらわないと。塵肺は進行するからね。手洗い、うがいをして風邪をひかないように」

橋口医師によると、島郁さんの肺は石のように硬くなっていて、両方合わせて一キロから一キロ二百グラムくらいになっているという。通常、健康な人の肺は三百グラムから三百五十グラムだから、四倍から五倍の重さになっていることになる。

塵肺は石の肺とも言い、次第に弾力性が乏しくなっていって、死ぬまで進行する。塵肺の患者にとって、風邪の流行する冬は一番恐ろしい季節だ。同僚が何人も亡くなっていくから、同じ病気の患者は精神的にも辛い。炭鉱の仕事から離れて粉塵を吸わなくなっても、塵肺の症状は進んでいく。現在の塵肺法では、就業中は、労働者は塵肺の検査を受ける権利があるが、退職すると自費で受けなくてはならなくなる。塵肺は離職したあともずっと症状はすすむから、離職したあとの管理がとても重要になる。しかし、そういったフォローが全くできていないのが実態だ。

労働者を管理する立場だった島郁さんだが、今、当時の安全管理のあり方に疑問を抱いている。粉塵の舞う坑内で、マスクの着用が徹底していなかった。現場は高温多湿でマスクを外す場合が多かったのだ。島郁さん自身もそうだった。

「言葉で現場の人に指示したり注意したりするならば、マスク越しにはできないですよ。マスクは耳に下げてるだけでした」

管理者として、もっと安全管理を徹底すればよかった、という悔いが残っているのだ。

「部下にも塵肺になった人がいるけど、自分たちがもっと注意しておけばよかったと思っています」

労働者を減らして合理化がすすんだことも、塵肺被害を大きくした原因だと島郁さんは感じている。

「大型機械を導入すると、それまで五メートルもいかなかったのを、八メートルも九メートルも掘り進むことになります。機械が動いている間はずっと粉塵が舞っているわけです。ダイナマイトを打っていた頃は瞬間的に粉塵が舞うけど、そのあとは三十分くらいは綺麗な空気の中で仕事ができていました。機械が導入されると、一日中、ずっと粉塵が舞うなかで仕事をすることになってしまうわけです」

「削岩機にしても、機械が動いている間は、ノズルから水が出るようになっていましたが、粉塵で目が詰まって水が出なくなっても、ノルマに追われて取り替える余裕がなかったんです。石炭掘ってなんぼの賃金ですから。そういうことを続けてきたんです」

出炭量は国の政策に基づいていたから、ノルマをこなすことは至上命令だった。

「出炭が何より優先するんです。炭を出せ出せってね。マイナスになったら、上司から小言を言われるんですよ。坑内に入る前、あがったあとも、一、二時間はざらだった。日報書いたりとかしなくてはならなかったんです」

現場の労働者がけがをするのを会社は最も嫌がったという。横で聞いていた平川さんが言った。

「けがをすると出炭が伸びないでしょ。すべてがノルマですよ」

島郁さんが現役の頃、通産省の監督局から、決められた安全基準で仕事をしているかどうかを検査にくることもあった。しかし、普段の労働の現場を見せることはなかった。

「機械を動かさない、機械を止める、ベルトをまわさない、そういう状態で見せていました」

検査の日にちは、事前に会社側に連絡されていた。管理する側だった島郁さんは、そのときは疑問に思わなかった。

「私たちとしても、いきなりこられたら困るわけです。だから助かっていた。ちゃんとやってますね、大丈夫ですね、ってことになる。でも、今思うと、粉塵の舞うところをじかに見せればよかった。会社は対策をたてなくてはならなくなるわけだから」

会社側の人間として、現場の労働者を管理していた島郁さんだが、自らも、切り捨てられる歯車のひとつに過ぎなかった。

「会社のトップと行政はつながりがあるんじゃないですか。一番の犠牲者は働いている労働者ですよ」

三池労組で会社と対峙してきて、今も塵肺裁判の支援をしている平川さんも憤りを隠さない。

「昔から、企業と省庁は裏でつながっている。つながっていない省庁なんてどこもないですよ」

塵肺裁判の訴訟の手伝いをしている平川さんのもとには、多くの塵肺患者が相談にやってくる。この日、松本悟さんは自転車でやってきた。坂道をこいできてとても苦しそうだ。

「一年前から症状があるんです。現役のときはどうもなかった。仕事やめてから症状が出だしたんです」

松本さんは訴訟委任状を持ってきた。新たに原告となるのだ。

「そこに判を押して。そうそう、いいですよ。あとは私が出しときますから」

平川さんは委任状を受け取った。松本さんは、かつて坑内で削岩機で炭層を掘ったり、ダイナマイトをかけたりの仕事に従事していた。平川さんが松本さんに声をかけた。

「一日も休まんで、頑張りよったもんなあ」

その実直さが病気につながったと考えると、いたたまれない。

ヤマの男は無口な人も多い。松本さんは、少し笑みを浮かべただけで、また自転車に乗って帰っていった。

原告団の団長を務めている樽見正蔵さんは、四山坑の坑内で働いていた。この日は平川さんと訴訟の打ち合わせをしていた。

「現役のときは、四人分くらい入る弁当箱ば下げていきよったですよ。それが、今は夕食も一膳だけです。肉は食べきらんです。明日の命はわからない。いつぽっくりいくかわからないですよ。症状がすすんで酸素吸入するようになると、きつかだろうなあと思います」

先に発症した同僚で、亡くなった人も多い。今後どう症状がすすんでいくかがはっきりとわかるから、余計に辛い。

毎日、塵肺に苦しむ同僚と接している平川さんは、これまでの会社の安全や健康管理のずさんさに憤る。塵肺は防ぐことのできた病気だからだ。

「塵肺は人為的な職業病ですよ。散水してマスクをして、時間管理をすれば防げる病気です。日本でこれだけの患者が出たというのは人為的な災害ですよ。今どうもないと思っている人も、いつか必ず出てくる。遅かれ早かれ、というだけの問題でね。苦しんで苦しんで……という結末になってしまう。閉山のときだって、会社は塵肺の患者にきちんとした責任をとってこなかった。

療養の指導もしないし、補償もしていないんです」

建設交通労組大牟田支部で、ひとり、訪れた人の相談にのり、話し相手になる。そして地道に裁判の支援をする。平川さんは今後も、塵肺患者の救済に向けて裁判の支援をしていくつもりだ。現在六十八歳。早く後継者を見つけて、地域活動に専念したいとの思いもある。でも、塵肺の問題はまだまだこれからだ。

「三池炭鉱労働者としてやりたい。最後のひとりになってもやりたいと思っています」

平川さんは、三池炭鉱の歴史を、差別の歴史だという。

「囚人、与論島から来た人。中国人、朝鮮人。常に、自分たちより下の人間をつくり出して差別させる。それが終われば三池労組と第二組合の差別。分裂させ、差別させ、それによって労務管理をやっていく。差別した方が管理しやすいからですよ。三池炭鉱、一〇八年の歴史の中で、ずっと続けられてきました」

「閉山のとき、三井鉱山の久保社長は、国には大変お世話になって、って言い方をしたけど、労働者や地域への謝罪がなかった。それどころか、一寒村を三井がここまでしてやった、という言い方をしましたからね。これには頭にきました。このスタンスは昔からずっと変わらなかったし、今も変わりませんよ」

平川さんたちは、毎年、塵肺の無料検診を実施している。新聞や立て看板、広報誌などを使って、大牟田・荒尾に住むかつての炭鉱労働者に、ぜひ一度検診を受けてほしいと呼びかけている。二〇〇八年五月にも、荒尾市の診療所で無料検診が行われた。会場には、かつてのヤマの男たち、五十人余りがやってきて、診療所の受付には長い列ができた。

「もう発症する頃かなと思って」

作業着姿の五十代の男性は日に焼けた顔を曇らせた。症状はないということだが、受診するまでは安心できないと言う。

「仕事やめて十年だから、そろそろかなって。あれになると死ぬけんね」

別の七十歳代の男性は、去年から咳がひどいという。私が話をきいている最中も、何度も咳き込んだ。

比較的若い人がいた。五十代だという。閉山のときは最も若い四十代だった。今まだ求職中なので、テレビのインタビューはまずい、といいながら顔を手で覆った。

この日も、疑わしい人が多数見つかった。

「自分が発症するとは思わんだったです」

かつての炭鉱マンは、待合室の壁を見つめ、深いため息をついた。

橋口医師が言った。

「炭鉱を退職するときは、みんな、ピンピンですよ。十年、二十年するとだんだん症状が出るからね。これからの症状に注意してください」

橋口医師は、潜在的な患者は、まだ、大牟田・荒尾地区に五千人いると見ている。

V 三池を去ったユンヌンチュ ―― 1964～

第三の故郷

東京・高見団地

東京八王子市に、与論出身の人たちが暮らす団地があると聞いた。八王子にある雇用促進住宅だ。通称「高見団地」と呼ばれるこの団地は、炭鉱離職者のために、一九六四年に建てられた。雇用促進事業団が、合理化で炭鉱から出て行かざるを得なかった全国の炭鉱労働者を都市部に吸収するために、東京や大阪、愛知などに七万一二七二戸を建設した。高見団地はそのひとつで、全部で三五〇戸だ。当時は九州だけでなく、夕張や常磐などの炭鉱から、閉山で職を追われた人たちがこの住宅にやってきた。

この団地とその周辺に今でもまとまった数の与論出身者が暮らしているという。彼らは、調布市や、町田市などの清掃作業員の募集に応じて上京した人たちだ。

団地に住む林行憲さんが会ってくれるという。初めて団地を訪ねたとき、林さんは、団地の入り口まで迎えにきてくれていた。

林さんは、大牟田では、港でごんぞう・石炭の積み下ろし作業をしていた。四十キロの石炭を担いで炭車に乗せる仕事に黙々と一日中従事した。子供が五人いた林さんは給料が足りなくて、わずかに賃金の高い雑貨倉庫の積み下ろし作業に移る。ここでは、硫安《りゅうあん》などの荷物の積み下ろし作業に明け暮れた。

それでも、与論出身者の職場は限られていて、生活するには賃金が低すぎた。労働と賃金が全く釣り合っていない。まるで奴隷みたいな仕事だと、林さんは与論の人たちの置かれた現状に対する疑問が膨らんでいった。林さんは次第に組合活動にのめりこんでいく。われわれの先輩が何の抵抗もしていない。林さんの活動の原動力は、与論の民の抑圧されてきた現状だった。

一九五九年に林さんは指名解雇される。活動家の烙印を押されたのだ。炭鉱を離職した林さんは、福岡、熊本だけでなく、長崎、佐賀と、職業安定所をまわって仕事を探したが、全く見つからなかった。理由は、三池で指名解雇されたというレッテル。行く先々で、組合活動している人は怠慢だの、ずるいだの、仕事をしたくないから活動をしているだのと皮肉を言われた。土木作業員、トラックの運転手、数え切れないくらい仕事を探した林さんだったが、壁はとても厚かった。

そんなときに、調布市が清掃作業員を募集していることを知り、林さんは応募する。すぐに来てくれ、ということになり、林さんは一も二もなく上京した。当時は高度成長期の真っ只中。世の中の目は、公務員より民間に向いていて、ごみ収集の作業員に手をあげる人はいなかったのだ。林さんは妻に、公務員になったら、もう絶対組合活動はしないと誓って、新しい仕事を始めた。ごみを収集する仕事は、以前の重労働に比べたらなんでもなかった。

林さんは大牟田の与論の仲間に声をかけた。応じた仲間が次々に上京した。与論の人たちは生来とてもまじめである。与論の人たちはよく仕事をすると評判になり、また次々に仲間が増えた。林さんの伝手《つて》で、十五人が働くようになった。

「八王子を第三の故郷にしよう」

これを合言葉に、与論の民は結束した。口之津、三池に続き、八王子を新たな故郷に、力を合わせて生きていこうと誓い合ったのだ。こうやって、与論の民の多くが八王子市の雇用促進住宅で暮らした。

しかし、周囲の視線に戸惑うようになる。仕事が終わって、市役所の近くの居酒屋で飲んでいたときのことである。仲間と炭鉱の話をしていると、周りから露骨に嫌な顔をされ、隣に座っていた人たちが席を移動していったのである。

「炭鉱太郎だろ、荒っぽい、短気もんだって話をしてるわけよね。この野郎と思ったけど、じっと我慢していたよ」

床屋に行ったときもそうだった。九州はどこからですか、と聞かれて三池と言ったら、そこの主人の顔色が変わった。

「三池争議の印象が悪いんでしょう。それから、三池炭鉱といったら、囚人が働いていたでしょう。いい印象はなかったんだと思うね」

全国の炭鉱離職者が生活する雇用促進住宅も、冷たい視線を浴びていたと、林さんは振り返る。九州弁しか話さないことを理由に子供がいじめられたこともある。妻が学校に相談に行っても相手にしてもらえなかった。

「悔しくてたまらなかったよ。どうしてこんな扱いを受けるのかね」

しかし、家を買うだけのお金もなく、林さんは以後、ずっとこの団地に暮らすことになる。人と仲良くなると、出身地を言わざるを得なくなるから、努めて人と接することを避けた。その裏返しとして、与論出身者同士が結束することになった。

林さんによると、三池を出た与論出身者は、今でもこの団地に多く暮らしているという。もっと話を聞かせてほしいとお願いすると、団地に暮らす与論出身の人たちが集会所に集まってくれた。来てくれたのは十二世帯の二十人。みな「姉さん」「兄さん」と呼び合い、とても仲がいい。

長机の上に、お菓子とお茶が並べられた。東京に出てきた当初の話を聞かせてくださいと言うと、さまざまな思い出話が飛び出した。

「家財道具を積んだ大八車を押して、坂を上りながら、こんな田舎に来てしまってと涙が出たよ」

炭鉱で賑わい、街に人があふれていた大牟田と比べ、八王子の団地のまわりは畑しかなかった。

まだ京王線も通っていなかったのだ。

「誰も話す人もいなくてね。買い物に行くとき、帰りの電車がわからなくて、泣いたこともあるよ」

「そうだったの。知らなかった……」

若い世代が深く聞き入る姿が印象的だった。

またこのとき、一本のビデオテープを見せてもらった。川原での運動会だ。昭和四十年代には、与論出身者たちは団地とその周辺に三百人ほどが暮らしていて、毎年運動会を開催していたのだ。大勢の家族が整列するなか、大会会長挨拶、ラジオ体操と続く。そして、かけっこ、パン食い競争と内容盛りだくさんだ。運動会のほかにも、子供の成長の節目や結婚などはみんなで祝いあった。また、人が死ねば、団地の中の集会所を借りて葬式を営んだ。そうやって数十年、みなで力を合わせて生きてきた。

番組の趣旨を話し、テレビカメラでの取材のお願いをすると、反応はさまざまだった。

「今更、炭鉱のことを大っぴらにしたくない」

八王子に暮らす人たちは、与論出身というより、以前、炭鉱の街にいたということの方にこだわりがあるようだった。

その日の夜は、団地の一室で、数人の人たちがさらに話を聞かせてくれた。その中のひとりの女性がぽつりと私に言った。

「井上さんはずっと熊本にいられていいね」

この人の父親は、大牟田で荷役作業に従事していたが、収入が少ない上に、兄弟も多かったため、女性は高校を中退して、家出をしたという。女性は大阪を起点に、あちこちで働きながら自立して、同じ新港町出身の男性と結婚し、今は大牟田から呼び寄せた両親とともに八王子で暮らしている。

私がずっと熊本で生まれ育ったことを話したときに、彼女はそう言ったのだ。

私は熊本以外の土地で外で暮らしたことがない。それが私自身の大きなコンプレックスだと感じてきた。しかし、こんな見方をする人たちもいたことを知って驚いた。

故郷にいたくても、島を出ざるを得なかった与論の民。口之津、三池と移り住んでも、貧困と差別で生活は立ちいかず、永住の地とはならなかった人も多い。人びとは更に、新たな故郷をと、都会に新天地を求めて移住した。子供たちも、口減らしのために、自ら、都会へ旅立った。

この団地に住む人の中には、近くの霊園に墓を買って、口之津以来の先祖の遺骨を持ってきた人もいる。墓には、「奥都城」と彫られているという。「奥都城」という文字には、どんな思いが込められているのだろう。先祖たちにとって、また、今ここで暮らす人たちにとって、八王子は、真に永住の地となりえているのだろうか。

今回の取材で、団地に住む人たちにテレビカメラによる取材を申し入れたが、ことごとく断られた。

団地から、ひとり、駅の近くのホテルへ帰ろうとしていたとき、与論出身のひとりの男性が、車で送ってくれた。なかなか取材がすすまないことを自分のことのように気にかけながら、こんな言葉を教えてくれた。

「ピンギタビンチュという言葉があるんですよ」

ピンギタビンチュとは、与論を捨てた者という意味だそうだ。

ピンギ、というのは逃げる、という意味。与論の人間はユンヌンチュ、それ以外の人間はタビンチュ。もともと与論の人間なのだから、ピンギユンヌンチュでもよさそうなものだが、敢えてタビンチュとするところが残酷なニュアンスを含んでいる。

「私たちは逃げた者だから、郷に入っては郷に従えという言葉があるように、八王子の人間として生きるしかないんです。申し訳ないけど、そういうことでカメラは勘弁してください」

それでもあきらめきれず、翌日も団地をまわったが、断られた。団地の通路から、棟と棟の間の低い空に、月が見えた。団地にいくつも灯る街灯の光に、月は自らの光の行き場をなくしているように見えた。細い細い三日月。糸のような月だった。

炭鉱の影をひきずって

八王子市の雇用促進住宅で暮らす林行憲さんが引越しをするという話を聞いて、団地を訪ねた。林さん夫婦は、押入れから布団を出して袋に詰めている最中だった。神棚はすでに空になっている。林さんの次女の夫が安く家を貸してくれることになり、そこの家に長女夫婦と一緒に暮らすことになったということだった。

団地に住んで四十三年になる。いつか団地を出ることを、林さんはずっと切望していた。なのに、林さんの表情は明るくなかった。

「われわれを受け入れてくれるかどうか、心配なんだよね。高見団地から来たと言ったら、どんな顔をされるか。高見団地って評判よくないからね」

これまで与論出身者同士で助け合って暮らしていたから、そこから離れるのも心細いのだ。

「引っ越してきたら、どこから来たんですか、と尋ねられるでしょう。そうしたら、高見団地って言わざるを得ないでしょう。高見団地から来たわれわれを、地域の人が受け入れてくれるだろうか。あなたはどう思う」

インタビューしていた私は、逆に林さんに尋ねられた。団地ができてもう四十四年。最初の頃こそ、炭鉱離職者が多かったが、もう、そのほとんどの住民は入れ替わっている。仮に高見団地という言葉を聞いたにしても、そのなりたちを知る人も随分と減っているだろう。以前は団地の入り口に「雇用促進住宅」の文字があったそうだが、今それを探してもない。

「もう大丈夫ですよ」

そう言いたかった。でも、林さんたちがこれまでに受けてきた数々の痛みを思うとき、軽々しく思いつきを口にするのははばかられた。おそらく、痛みは傷となり、被差別意識として心に沈澱しているに違いない。

「生活だけはまじめにしとかないとな。地域からはみ出すようなことはしたくないから」

炭鉱を離れて五十年、林さんはいまだに炭鉱の影をひきずっていた。

団地から車で五分くらい、同じ八王子市内に住む池田喜志沢さんも、かつて新港町に住み、ごんぞうに従事していたと聞いて、ご自宅にお邪魔した。最寄の駅で降りたがタクシーがつかまらず、やむなくご自宅に電話をしたら、池田さんの妻のチヨさんが迎えに来てくれた。

池田チヨさんは七十三歳。与論生まれだが、沖縄で仕事をしたあと、叔父さんを頼って大牟田に出てきた。大牟田で、同じ与論出身の喜志沢さんと知り合って結婚、ふたりの子供に恵まれた。ごんぞうだった夫は賃金が安く、チヨさんは苦労した。

チヨさんには忘れられない思い出がある。笑い話として千代さんは話し出した。

「共同の洗い場に行ったら、横で洗い物をしている人のたらいから、ぶくぶく泡がたってるんですよ。なんで泡がたつんだろうと、珍しくて珍しくて、しばらく立って眺めてたことがありましたよ」

泡のたつ洗剤で洗濯をしていたのは、夫が三川坑で働く主婦だった。新港町社宅は、三川坑の社宅と、チヨさんら、港湾荷役作業をする港務所社宅とで構成されていた。賃金の高い三川坑の主婦は、泡の立つ洗剤を使うことができたが、港務所で働く与論出身者は、泡のたたない安い洗濯石鹸しか買うことができなかったのだ。同じ新港町でも、三川坑と港務所の売店は別々で、買うものも全く違っていた。

「坑内と坑外と、全く生活レベルが違いましたよ。奥さんの服から、子供の服からすべて違っていた。三川坑の人たちはちゃんと靴を履いていたけど、与論出身者はみな裸足だったですよ」

チヨさんは、子供たちに満足に食べさせることができなかったことが一番辛かった。

「味噌汁の具がなくて、お湯に味噌を溶かしただけだったりね。でも、一食抜きましょうということはなかった気がしますね。米のかわりにレンコンだけ食べたことはあったけれどね」

チヨさんは、新港町にいた頃、現金を使った記憶がない。新港町の売店で、毎日少しずつツケで買い物をして、給料から差し引かれた。お金が残ったことは一度もない。幸いにも子供たちは丈夫で、病気とは無縁だった。

「病院代がかからなかったから、みんなここまで生きてこれたのかもしれないね」

子供が生まれたときは、浴衣工場で働いていた弟がおむつの布を送ってくれた。でも、その布でチヨさんはねんねこ丹前《たんぜん》をつくった。

「卵も、二個とか三個とか買ってね、使うときも一個まるまる使うことはなかったですね。ヤクルトだって買って飲ませたことはなかったですよ。五百円というお金を一度でいいから使ってみたいと思っていました。使ったことはもちろん、見たこともなかったですけどね」

一九六四年、チヨさんは、調布市の清掃の仕事をすることになった夫の喜志沢さんとともに、新港町を出て八王子に移ってきた。子供を保育園に入れたとき、きちんとした給食が出されていたことに感動したという。

「ああ、こんなことがあるんだと、本当に驚きましたよ。そしてありがたいと思いました」

チヨさんは、子供の話になると、ずっと涙ぐんでいた。

「どんなに苦労しても、子供だけは人様並に育てたいという思いがありました。でも今思うと、どうやって食べさせてきたのかな、と不思議に思いますよ。貧しい暮らしをさせてきたなって。申しわけないなって。だから、孫には一生懸命尽くしたいと思ってるんです」

チヨさんは辛いときにいつも歌うという、「てぃんさぐの花」を歌ってくれた。与論から沖縄に渡って働いていたときから、辛いときに、いつもひとりで歌って、自分を励ましていた歌だ。

てぃんさぐぬ花や
爪先《もみざち》に染《す》みてぃ
親《うや》ぬゆし事《ぐとぅ》や
肝《ちむ》に染みり

ホウセンカの花は爪先に染めなさい。親の言うことは心に染めなさい、という歌詞だ。

作物の育ちにくい与論で、父親は栄養失調で死んだという。

「父親は、白いお米を食べずに死んでいったんです。それを思うとね、強くもなれるし、優しくもなれるし、温かくもなれるんですよ」

幼い頃の、故郷の島の貧しさ。それがチヨさんの人生の原風景になった。

　宝玉《たからだま》やてぃん
　みがかにばさびす
　朝夕肝《あさゆちむ》みがち
　浮世《うちゆ》渡ら
歌は、宝石も磨かなくては錆びてしまう。朝晩心を磨いて世の中を生きていこう、と教える。

「不幸のもとに生まれてきたと思っています。でも、笑い飛ばしてね、太ることがあっても、絶対にやせはしません。辛くても、悲しくてもね。貧乏が私を鍛えたと思っています」

チヨさんは涙を拭いて笑った。

初めてお邪魔したとき、チヨさんは、手作りの料理を準備してくれていた。

「ありあわせで申し訳ないけど」

そう言いながら、ご馳走を食卓に並べ始めた。散らし寿司と味噌汁。野菜の煮物と酢の物。

私が一皿一皿食べ終わると、チヨさんはそのつど台所に立って、次々に料理を運んできてくれた。卵焼き、冷奴。

とてもそんなに食べられないというほどの食事。全部食べると、お代わりは、と更にすすめる。

「食べてもらうのが一番嬉しいんです」

食べられなかったから、食べさせることができなかったから、人に振舞って食べてもらうのが何より嬉しいのだと。最後にロールケーキと紅茶。

温かいおもてなしで、胸がいっぱいになった。帰り際、チヨさんは私にプレゼントをくれた。手縫いの箸袋に入ったマイ箸だった。

「今、マイ箸を持つ人が増えてるからね」

よかったら使って、とチヨさんは笑った。

翌月、カメラマンと一緒にインタビューにお邪魔した際も同様だった。チヨさんはたくさんの手作りの料理とともに、私たちを待っていてくれた。


現在、東京都町田市に住んでいる有元ハナさんも、若い頃、大牟田でごんぞうをしていた。同じく、ごんぞうをしていたハナさんの夫・元勇さんはすでに他界したが、写真が趣味で、たくさんの写真を残しているという。

タクシーを降りると、ハナさんが玄関で出迎えてくれた。

「ようこそ。遠いところ大変だったね」

ハナさんは九十二歳。はっきりした顔立ちの美しい人だ。去年ひざを骨折して、立ったり座ったりするのが少し大変そうだが、それ以外は至って元気だ。

ハナさんは二十五歳のときに大牟田に出てきて、ごんぞうの仕事に就いた。先祖は与論から口之津、大牟田と渡ってきて、代々ごんぞうの仕事をしてきた。体が丈夫だったハナさんも、男性と同じようにごんぞうになった。男に混じって塩や砂糖を担いで倉庫に入れたり、石炭を運んだりした。ハナさんは永年にわたって重労働をこなしてきたことに、自信と誇りを持っている。

「私は字も読めないし、無学だけど、体だけは健康で、力仕事は負けてなかった。だから、親にありがたいと思っているんだよ……。与論の人は負けなかった。内地の人に負けなかったよ。内地の人は、こんなごんぞうなんて仕事はできない。また、する人もいない」

「どうして、重労働のごんぞうを続けることができたのですか」

「生活のためだよ」

生きていくためには、働かなくてはいけないという自明の理。ハナさんは当然だというふうに言った。

「昔はうちの母も炭鉱で働いてたし、この仕事を親の財産だと思ってがんばったんだよ」

逆境が私を鍛えた

ごんぞうの仕事は、残業をすると、パンが二個支給された。現在は川口市に住む川田幸吉さんはそれを食べずにいつも子供たちに持ち帰った。

息子の美津次《みつじ》さんは、今も、そのときもらったパンの味をよく覚えている。

「親父は偉いなあって思ってましたよ。腹が減るだろうに、いつも俺たちのことを思ってくれて。

ごんぞうだけでは給料が少ないから親子で食べていけなくて、徹夜で仕事をして帰ってから、そのまま、また土方のアルバイトに行ったりしてましたよ」

川田さんが休む間もなく働いても、家計は苦しかった。しかしどんなに苦しくても、川田さんは与論に住む親や兄弟のことをいつも気にかけていた。

「新港町で麦を作ってましてね、それをそうめんと交換して、与論の弟に送ってましたね。あっちも大変だろうって」

美津次さんは高校生のとき、課外授業の受講費を十ヶ月間払えなくて、担任の先生に肩代わりしてもらったことがある。借金とりが家にやってくると、母親は押入れに隠れていた。美津次さんはさまざまなアルバイトをして稼いだ金を親に渡した。

「一個五十キロある泥炭の袋をトラックに積み込む仕事をしたり、石炭をスコップで大型トラックに積み込む仕事もしました。豚を飼ってたから、餌を炊く焚き物用にと、川に浮かべてある廃木を、体にくくりつけて泳いで集めてきたり、本当にいろんなことをしました。もらった金は全部、親に渡してましたね」

与論出身者ということで、差別もされた。

「ヨーロン、ヨーロンって、よく言われてね。だから、与論の人は固まってたんですよ。新港町の名前出すと皆怖がるくらいに。団結してたんですよ、自分たちの境遇を守るためにね。お互いに差別された者同士、ひとつにまとまるしかなかったんですよ」

大牟田南高校に進学したものの、美津次さんは三ヶ月で中退して家出する。親に負担をかけたくなかったためだ。学生帽をかぶり、風呂敷包みひとつを抱えて美津次さんは大阪へと旅立つ。

「旋盤、ダンボールの製造、プレス、製本、十個くらい仕事をしましたね」

一九六九年か七〇年頃に、与論の知り合いから、市役所の清掃課に入らないかと誘いを受け、ごみ収集の仕事に移る。当時は高度成長時代。清掃課の職員のなり手はなかなかみつからなかったのだ。

「市役所は楽な仕事でした。みな昼から風呂入っていたしね。昔、新港町で、豚の餌に残飯を集めて回ったり、肥料をくみ出したりしてるから、ごみの収集は何にも苦にならなかったですよ。市役所に勤めてたけど、女房が金がないと言えば、板前もやったし、建築現場にも行ったし、午後五時に仕事を終えてから、キャバレーのボーイもしたし」

新港町で、親が必死に働く姿を見て育った美津次さんは、働くことを辛いと思ったことは一度もない。どんな仕事も軽々とこなしてきた。そして今六十三歳。

「自分のスタートは、家を飛び出した十七歳。人生の原点は、大牟田の新港町だと思っています。苦しかったけど、楽しかった。思い出のいっぱいつまった街ですね」

川田さん親子は川口市に住んでいる。あらかじめ美津次さんに電話で教えてもらったとおり、川口駅からタクシーに乗り、ゴルフ場の入り口で下りると、迎えに来てくれていた。小柄だがががっちりとした体躯。挨拶すると、笑みをうかべることなく「すぐわかりましたか」と野太い声が返ってきた。南国の人らしい浅黒い肌に、ギョロリと大きく鋭いまなざし。悪役の俳優にこんな人いなかったっけ。少し怖そうな人だな、というのが美津次さんの第一印象。

美津次さんは、父親の幸吉さんの住まいに案内してくれた。美津次さんはすぐ近くに住んでいるそうだ。

「こんにちは」

玄関先で声をかけると、家の中から、「こんにちは。遠いところ、大変だったですね」と父親の幸吉さんの声が返ってきた。玄関のすぐ先に畳の部屋があって、幸吉さんが小さい座椅子に座っていた。美津次さんとは違い、長身で痩せ型の優しそうな人だ。

「足が悪いもんでね、座ったままで失礼します」

幸吉さんの前のちゃぶ台にノートを広げて話をきいていると、美津次さんが台所から冷たい麦茶を出してきてくれた。

「親父は一人暮らしで、ここには何もなくて申し訳ないけど」

コップには氷が三個入っていた。麦茶の減り具合を気にして、美津次さんは何度も継ぎ足してくれた。

インタビューしている間、美津次さんは何度か「トイレはあっちですから」とお手洗いの場所を教えてくれた。幸吉さんも「そうそう、トイレは行っといたほうがいいよ」と心配してくれる。

取材でトイレに困っていたら気の毒だと配慮してくれたのだろう。私はそのたび、「ありがとうございます、まだ大丈夫ですから」と感謝した。

高齢の幸吉さんは少し耳が遠く、私の質問と答えがちぐはぐになることがたびたびあった。そのたび美津次さんは、私の質問を幸吉さんに、言葉を変えてわかりやすく聞きなおし、答えを導き出してくれた。

美津次さんは、父親にまず「おやじ」と呼びかける。幸吉さんが美津次さんに注意を向けてから、本題の話に入る。答える幸吉さんの話は、少し的を外れていることも多かった。でも、話を途中で折ることをしない。きちんと最後まで聞いてから、また再度「おやじ」と呼びかけるのだ。

三時間くらいたって、そろそろ失礼しようとノートを閉じたとき、それを合図にしたかのように、美津次さんがちゃぶ台の下に手を伸ばした。何だろう、と思う間もなく、目の前に、丸い大きな鉢盛りが、どすん、と現れた。私が三時間座っていたちゃぶ台の下に、握り寿司があったなんて。私は心底驚いて、息を呑んだまま、しばらく声が出なかった。

でも、見れば、とてもおいしそうな握り寿司だった。うに、いくら、甘エビ、生のたこ。五人前はあるだろう。たくさんのお寿司だ。美津次さんが、相変わらずの怖そうな形相で言った。

「せっかくだから、食べて行ってくださいね」

実は、ここに来る前に私は川口駅で食事を済ませていた。でも、見ればとてもおいしそうなお寿司。では、と、ひとつふたついただくつもりが、あまりのおいしさに次々に手を伸ばし、結局一人前以上、十個くらいは食べたような気がする。その間、幸吉さんも美津次さんも、寿司に手を伸ばすことはなかった。申し分けないと思いつつ、私だけがご馳走になった。まだ入ると思ったけれど、ほどほどで切り上げた。

帰り際、では今度はカメラと一緒に参ります、と言ってお暇しようとすると、美津次さんが最後に念を押した。

「トイレは大丈夫ですか」

幸吉さんも後ろから言った。

「そうそう、先は長いから行っておいた方がいいよ」

きっと、私のために、掃除をしてくれたんだろう。その温かさに、私は心から感謝した。そして、また川田さん親子に会いにここを訪ねることができることを嬉しく思った。

いつかは与論へ

大牟田、東京と移り住んで、与論に帰った人がいた。酒井菊伝《きくでん》さんだ。酒井さんは、城《ぐすく》と呼ばれる地区に住んでいる。十五夜踊りが行われる琴平神社のある集落だ。

集落の中でも、酒井さんの家はひときわ目をひく。玄関前の庭一面に、浜の貝が敷き詰めてあるのだ。初めてこの家を訪ねたとき、私は、どうやったらこの美しい貝を踏まずに玄関にたどり着けるか、しばし足をとめて思案したものだ。

酒井さんは、十五歳で与論を出て、大牟田で働き、その後関東で仕事をしたあと与論に戻ってきた。

酒井さんの日課は、浜で貝を拾うこと。家の近くの浜に行くことが多いが、車で遠出することもある。ビニール袋を手に、酒井さんは貝を拾って歩く。与論に帰ってきて二十五年間の酒井さんの日課だ。

「これなんかいいよ」

酒井さんが黒い縞模様がくっきりとした美しい貝を手渡してくれた。

「島の人間は、こんな貝なんか、全く見向きもしないよ。私はこれまでずっと旅をしてきたから、目に付くんですよ」

そして家に帰り着くと、それらの貝を庭に撒く。与論に帰ったころは妻とふたりで浜に通っていたが、妻が体調を崩してからはひとりで行く。白い蝶貝や巻貝。サンゴをひとつひとつ、手にとっては袋に入れる。

「こうやったら、一層綺麗に見えますよ」

酒井さんが庭に水を撒いた。無数の貝たちは本来の色や模様を取り戻し、庭は豊潤な浜となった。

「島の子供たちがうちにきてね、この貝を拾っていくんですよ。だから、あんたたち、浜に行って拾いなさいって言うの。浜にはたくさんあるよって。でも、ここがいいって拾っていくんだよ。だから補充が大変」

酒井さんは笑った。

酒井さんが与論を出たのは高等小学校を出て間もなくのことだ。卒業してしばらく学校の用務員をして、大牟田に渡る旅費をためた。仕事をしたくても農地もなく、他に仕事もなかった。生きていくためには、島を出るしかなかったのだ。義務教育を終えたほとんどの同級生が島を出た。十四歳の酒井さんは、茶花港からひとり、旅立った。自立してお金をためて早く母親と暮らしたいという一心だった。そして、いつの日か、与論に帰ることが最終的な目標だった。港まで見送りにきた母は、一言、がんばって来いと励ました。

「リーフから二百メートルくらい沖に、五百トンくらいの定期船がついてたんです。そこまで伝馬船で行くんだけど、昔は海岸は砂地でね、その定期船まで行くのに一時間かかったんですよ」

大牟田に到着し、叔父の家に身を寄せて仕事を探したがなかなか見つからなかった。仕方なく、埼玉と東京で建設業に従事した。十七歳のときに、やっと炭鉱に就職口がみつかった。

「炭鉱に就職が決まったときは、とにかく嬉しかった。炭鉱に入れば、まず、生きていくことができる。社宅はあるしね」

生活の糧を得た酒井さんは二十二歳で、同じ与論出身の女性と結婚した。

酒井さんは新港町で、低賃金を補うため、麦や野菜、米もつくっていた。社宅に流れる水路のレンガを一枚抜き取って、田畑に水が来るように工夫した。

「子供はみな、おやつは芋でね、ねんねこ丹前に、いつも芋がこびりついてたね」

しかし、一九六〇年の争議で、第一組合に残った酒井さんは、条件の悪い場所に配置されたり、賃金を抑えられたりして、生活が苦しくなっていく。酒井さんは炭鉱を離れる決心をする。指名解雇され、先に炭鉱を離職した仲間が、東京で清掃作業員として再スタートしており、酒井さんも誘われたのだ。酒井さんは、町田市でごみの収集の作業に従事した。当時は今とは違い、コンクリートの箱の中に直接入れられた生ごみを卓球のラケットのような器具ですくいとり、袋詰めにしていた。

「底辺の仕事でね、みな、タオルで顔を隠して仕事をしていたけど、私はそんなことは一度もしなかったよ。ただ、ありがたいありがたいって思ったね。炭鉱の仕事を思うとね、どんなに汚い仕事でもありがたかった」

酒井さんの誘いに応じて、与論出身者がまた大牟田から上京した。

「与論の人たちは、生きるためには、堂々としていましたよ。与えられた仕事は一生懸命やっていた。今思うと、とても尊い思いがしますね」

酒井さんは東京でも、ごみの埋め立て場の一角に畑を耕し、野菜をつくった。

「本当はいけないかもしれないけど。でも、よく育ったなあ。だって、肥料の上につくったようなもんだからね」

酒井さんは愉快そうに笑った。

酒井さんはごみ収集の作業を十七年間続けた。六十歳の定年まで働けば、あとは年金がつくから、与論に帰って生活ができるという思いで頑張った。十四歳で島を出て、いつか必ず島に戻ることは、酒井さんの目標だったのだ。

「与論に帰る、与論に帰るってそればっかり考えてがんばってきたんです。最後は与論で死ぬんだって。そのために、ずっと底辺の仕事をがんばってきたんだから」

六十歳で定年退職した酒井さんは、念願かなって与論に帰ってきた。そして、少しずつためた貯金と退職金で新しい家を建てたのだ。

「自分の人生は何点ですか」

「そうねえ……」

しばらく考えていた酒井さんは顔をあげて言った。

「百点かな」

はにかんだ表情だ。

「人生は晩年で決まるっていうからね。帰ってこれたから……でも炭鉱もよかったし、町田もよかった。いい人生だったと思いますよ」

酒井さんは現在八十六歳。あと四年は畑仕事をがんばって、九十歳になったら三線を始めたいと思っている。実は、以前東京に住んでいたとき習ったことがあったそうだが、途中で挫折してしまったそうだ。与論にいた若い頃、三線がうまく弾けなかった酒井さんは、女性にもてなかった。それが今でも心残りなのだ。

「夜遊《ヤユー》でも、いつも買い物係をやらされてね。三線のうまい奴は一番真ん中に座らされて、そうめんのうまいところを食べるんだけど、俺は一度も食べたことがなかった。女性にも注目されなかったしね」

酒井さんがいたずらっぽく笑った。月の浜で三線をひくことが、次の酒井さんの目標だ。

この日は中秋の名月。十五夜踊りが行われ、子供たちがトゥンガモーキャーを楽しむ日でもある。酒井さんは、門柱にススキと蓬餅《よもぎもち》を供え、月に向かって深々と頭を下げた。

「例年通り、トゥンガをお供えしました。どうぞお受け取りください」

月は群雲の中にあって、顔を出したり隠したりしている。

「トゥンガ、トゥンガ……」

月明かりを頼りに、子供たちの声が近づいてくる。幼い子供たちだ。

「お菓子をいただきます」

「はい、どうぞ」

子供たちは、手に手に籠を持っている。

「いくつもらった？」

「わあ、待って！」

子供たちの元気な声が、闇の中で遠ざかっていく。

与論島の夕日

Ⅵ　二〇〇八年夏ふたたび

世界一の石炭輸入国に

三池港の北岸壁にパナマ船籍の黒い石炭輸送船が横付けされている。オーストラリアから輸入された石炭が荷揚げされているのだ。かつて三池の石炭の積出港として賑わった三池港。しかし、今、港が活気を帯びるのは、皮肉にも輸入炭が荷揚げされるときだ。三池でとれた石炭に代わって、価格の安い海外の石炭の需要は増え続け、今や日本は世界一の石炭輸入国となった。現在も、高度成長期のおよそ二倍もの石炭を使っている。

石炭を積み込むトラックが列をつくっている。荷台に石炭が落とされると、トラックは港内の貯炭場に石炭を運ぶ。そうやって何台ものトラックが次々に石炭を積み込んでは走り去っていく。煙をあげてひっきりなしに港内の道路を行きかうトラック。車体には「三井鉱山」の文字。

前方に石炭を積んだトラックを見ながら、港の道路を走る。

広大な港は、物流や、工作機械製造などの会社があるけれど、人と出会うことはほとんどない。岸壁で釣り客が海に糸を垂れているばかりだ。以前のように、積荷作業をする人たちの掛け声も、巻き上げ機のきしむ音も、炭鉱電車の汽笛も、何もない。港に音がない。人の体温を感じることもない。

陽炎の向こう、トラックが煙をあげて遠ざかっていく。足元に目を落とすと、石炭がひとつ転がっていた。かつて新港町で、幼い町さんたちがきそって拾った石炭だ。これは、どこの国の、どんな労働者が掘った石炭なんだろう。その人は、この石を掘って、どんな糧を得たのだろう。

町さんと池畑さんが、誘い合って、かつての新港町を訪れた。左手には堤防が続き、その向こうは有明海だ。足の不自由な池畑さんは車から下りたあと、町さんと連れ立って、杖をついてゆっくり歩いた。

「気持ちのよかね」

これまで家にこもることの多かった池畑さん、潮風を顔に受けるのは本当に久しぶりだ。

堤防は、かつて父親たちが休みの日に、並んで座って釣り糸を垂れていた場所。釣果のあった日は、有明海の魚が食卓に並んだ。子供たちは、そんな父親たちのそばで、堤防の上を走ったり、魚の入れられたバケツを覗き込んだりして遊んだものだ。

道をはさんで海とは反対側には、有刺鉄線が張られている。その向こうには、かつての新港町の敷地が広がっているはずだ。金網に沿って、外来種の背の高い草や灌木が隙間なく生えているため、敷地内を見ることはできない。堤防に上れば見えるかもしれない。町さんが立ち止まった。

とはいえ、堤防の高さは一メートルを超え、足をかけるところもない。子供のころは難なくよじ上ったり、飛び降りたりしていたのだろうが、今はそうはいかない。池畑さんは足が不自由だ。

突然、町さんが堤防によじ上った。さすが、運動神経はいいと自慢していただけに、軽々とした身のこなしだ。

「わあ、すごい」

思わず声をかけると、町さんは何のことかと、不思議そうな表情をした。そうだ、ここは長い間、ふたりの生活の場所だったところだ。上がれないはずがないのだ。堤防の上に立ち、しばし思案していた町さんが、池畑さんに右手を差し伸べた。

「ほら」

居合わせた私は町さんの行動に驚いた。池畑さんは足が不自由だ。歩くには杖なしでは不可能だし、立ち上がるときも、立っているときも、誰かの支えが必要なのだ。池畑さんを引き上げることなどできるはずがない。堤防の幅は三十センチ程度しかない。仮に堤防に上ったとしても、池畑さんは安定して立っていることができるだろうか。堤防の向こう側はすぐ海だ。落ちたらただではすまない。

私の疑問や心配をよそに、町さんの手に、池畑さんは何の躊躇もなく右手を差し出した。私はあっけにとられた。

　町さんが池畑さんの手を引く。

「がんばれっ」

　池畑さんはともかく、町さんも、引き上げる反動で後ろ向きに海にひっくり返りそうだ。力んだ町さんの顔は真っ赤だ。池畑さんは必死によじ上ろうとしている。

　ぐいぐい引っ張る。町さんの表情が、いつの間にか、子供の頃の顔のやんちゃな顔に変わっている。

「がんばれっ」

　池畑さんは右足でコンクリートを蹴って何とか上ろうとするが、左足があがらず、上ることができない。池畑さんのお尻を押し上げてやらないと、上るのは無理だ。

「がんばれっ。もうちょっとだ」

　町さんは引く手を緩めない。池畑さんも上ろうと必死だ。

　一部始終を撮影していたカメラマンが見かねて、池畑さんのお尻を押し上げた。

　やっとの思いで、池畑さんは堤防に上った。堤防にまたがって座っていた池畑さんは、町さんに両手で支えられて、その場にゆっくりと立った。町さんは、池畑さんの右手をしっかりと握っている。私が下から、池畑さんがいつも使っている杖を渡した。

「ほら」

町さんが、かつての新港町を指差した。

「おれたちの社宅があがんなったたい」

「ああ」

慨嘆の声が池畑さんから漏れた。

かつて与論の民の社宅があった新港町は、広大な石炭の貯炭場に変貌していた。社宅の跡地は更地となり、そこに、オーストラリアなどから輸入した石炭が、いくつも小山をなしていた。積まれた石炭にユンボが上って、石炭をトラックに積み込む作業をしている。

雨上がり。小山と小山の間の水溜りにも、黒い山が影を落としている。枯れた茶色の雑草が茂り、カラスが空を舞っている。乾いた殺伐とした光景。ここにはかつて与論の民がいて、豚を飼い、魚を獲り、差別をはねのけながら、助け合って暮らしていた。盆踊り。正月前の餅つき。そして、十五夜のトゥンガ。

ここが、かつて、与論の民が命をつないだ新港町か。

あまりの変貌ぶりに、堤防のふたりはしばらく声がなかった。

「ほら、あそこが社宅の入り口の門のあったとこたい」

「そうたいね。俺たちがいた社宅が、こんなになっとるとは思わんだった……それにしても、こがんしてみると狭く感じるな……」

池畑さんは、目の前に広がる乾いた光景と、これまでの人生の大切な記憶とが、どうしても一

新港町のある日の風景（昭和30年代はじめ頃）

致しないようだった。

「社宅の中でね、じいちゃん、ばあちゃん、小さか子供も一緒になって、盆踊りとか何とかしてきた思い出を、輸入炭がみんな押しつぶしてしまっとる気がするね。みんなでつくってきた歴史を足蹴にして、輸入炭だけが大手振っていばりくさっているとは予想もせんだったね」

「本当なら、もっと有効に三池炭を使えばよかったのに、俺たちのいたところに、もっともっと安い労働力で掘った石炭で、また俺たちの上に乗るのかって、そういう気がするね。これでもかこれでもか、ってたたかれよる気がするね。人間は小さくなって、今も生きとるですよ。もっともっと安いものを、もっともっとってね。爆発事故なんか何でもなかったっとぞと、まだまだもうけ続けていきよっとぞって、そんなことを胸張って言いよるごたる気がするね」

炭鉱は閉山し、労働者は首を切られたが、会社は、安い輸入炭を発電所などに売って、存続しているのだ。

堤防の上のふたりを、有明海の夕日が赤く照らしている。いつの間にか、背後の海は満潮になっている。この海底を、池畑さんは採掘していた。金色に染まった海の底には、まだ二百年分以上の石炭があるとも言われている。

「辛苦に耐えて、自分たちをこの世に生かしてくれて、きつかっただろうなと思うよ。父ちゃんありがとうって言いたい」

池畑さんの顔も、夕日を受けてオレンジ色に染まっていた。

ユンヌンチュたちの炭坑節

二〇〇八年六月。このところ、大牟田の与洲会館《よしゅう》では、いつもの与論の民謡ではなく、炭坑節のメロディーが流れている。七月に開催される「炭坑節一万人総踊り」に参加することになり練習が始まったのだ。三橋美智也が歌う炭坑節が、カセットデッキから繰り返し流れている。

「掘って、掘って、担いで担いで……」

いつも太鼓を担当している森整昭《せいあき》さんが、大きな声で皆に掛け声をかけている。盆踊りでおなじみだが、いざ踊るとなると、なかなか難しい。手と足が一緒に出たり、とまった前の人にぶつかりそうになったりして、みな四苦八苦している。そんな様子を見て、町さんはいつになく嬉しそうな表情だ。

町さんは炭鉱で働いた経験はない。自動車会社に勤務した後、保険の代理店を始め、今に至っている。

五十八歳のとき、町さんは第十代の与論会会長に就任する。就任してからの町さんの課題は、与論会の会員のなかにある被差別意識を払拭することだった。私が町さんと初めて会ったとき、与論会は三池移住百年を二年後に控えていた。町さんは何とか、この節目の年を大きな転換点としたいと語った。

「何にもはずかしいことはないんだと。先祖が胸に秘めて言わなかったことを、内地の人にもっと知ってほしい。美しい島をみんなに知ってもらおうと。移住して百年にもなろうとするのに、いつまでも隠してどうするかって」

与論会は、もともと、「与洲奥都城《おくつき》の会」という名称だった。奥都城、いわゆる納骨堂を建設するときに発足した会だ。しかし、納骨堂が完成したあとも、「奥都城の会」という名称が続いた。「与論会」に変更しようという提案もあったが、与論を名乗るのがはずかしいとみなが反対したのだ。名称を変更するのに二年かかった。

総踊りに出ようと呼びかける町さんへの風当たりも強まった。町さんの父親は与論出身だが、母親は大牟田の出身だ。町さんは、半分蔑みの意味も込めて、ずっと「ハーフ」と言われ続けてきたのだ。

「町はハーフだから、本当のユンヌンチュの気持ちがわからない。わかるなら、こんなことはできないというわけですよね。でも、与論に対する思いは私は誰にも負けませんよ」

今なお、与論会の中には、与論出身だと言えない人がいるのだ。荒尾市に住む池田スミさんの両親は与論の出身で、スミさんも石炭の選別作業に従事してきた。スミさんは幼い頃、与論出身の人が地元の人に石を投げられたりしたことが鮮烈な記憶として残っている。だから今でも、与論出身だと自ら名乗ることはない。近所の人たちから、言葉のアクセントが地元と違うと指摘されることもあるが、いつもそれとなくごまかすという。

「切羽詰まったときは、沖縄が出るんですよ。沖縄出身だと。笑い話にさっと変えるんです。あいた、しもた、また、沖縄って言ってしまったなあって思いますよ。沖縄の方が印象がいいでしょう」

町さんの背中を押したのは、町さんの家族だった。長女の由美恵さん、次女の由紀恵さんは、町さんから与論の民の苦労を聞いて育ち、納骨堂の祭典に両親とともに出席してきた。父親の思いを痛いほど知っている娘たちは、大牟田の夏祭り、大蛇山《だいじゃやま》の炭坑節一万人総踊りに、与論会として参加したらどうかと父親に提案したのだ。妻の征子さんも賛成した。

大蛇山の炭坑節一万人総踊りは、毎年行われる大牟田の市民総参加のイベントで、職場や学校、地区単位でグループをつくって踊りに参加する。実は与論会内部でも、以前からこの踊りに参加したいという話はあった。しかし、百年に及ぶ差別の歴史に、会員たちはその一歩を踏み出すことができずにいたのだ。

二〇〇七年の夏祭り。町さんはついに、与論会として踊りに参加することを決断する。会員に諮《はか》ったが、なかなかいい返事が返ってこない。賛同する与論会のメンバー数人と、町さん一家、駆けつけてくれた長女の友人たち総勢二十人で、踊りに参加した。他の団体は、みなそろいのはっぴを着ていたが、この年は間に合わず、それぞれのTシャツ姿での参加となった。来年こそ、もっと大人数で堂々と炭坑節を踊りたい。町さんの願いは切実だった。祭りが終わった後、町さんは会員の家をまわり、呼びかけて、やっと五十人が参加するまでこぎつけたのだ。

また、この日は、新調のはっぴも披露された。

「議論の末、これに決定したんです。いいでしょう。ハイビスカスの赤と、海の青です」

はっぴはとても鮮やかだ。身頃は明るい黄色。背中には、ハイビスカスの花の絵があしらってある。袖はブルー。与論の海の色だ。そして襟元はハイビスカスの赤。これなら十分に人目を引き、与論をアピールできるに違いない。

二〇〇八年七月二十六日。祭りの日が来た。午後になって、与洲会館には大人や子供たちが次々に集まってきた。

「ちょっと大きかごたるね。立ってごらん」

子供たちは、新調のはっぴを羽織って、嬉しそうだ。

いつもと違う、晴れやかな空気が会館に満ちている。

会場の大正通りには、はっぴ姿や浴衣姿の大牟田市民たちが集まり始めた。職場、同窓会、町内会などで構成された団体が、それぞれ定められたスタート地点に向かう。「キャップランプ隊」は炭鉱マンのいでたちだ。黒い作業着に長靴。頭にキャップランプをつけている。さすが炭鉱の街だ。地元の銀行は、女性も男性もみな浴衣姿だ。高校の同窓生でつくったグループは、おそろいのTシャツ姿。

通りの中央付近には櫓《やぐら》が設けられ、紅白の縦じまの提灯がつるされた。ここで、ベテランの女性たちが炭坑節を踊るのだ。

鮮やかな与論会のはっぴは、やはりひときわ目をひく。町さんは頭に真っ赤なハイビスカスの冠を飾っている。レイを首からかけている人もいる。南国の雰囲気満点だ。浅黒い肌に、彫りの深いきりりとした風貌。島をルーツにした人たちは、やはり原色がよく似合う。人びとを見ていて、与論の風景が浮かんだ。

「それでは一万人総踊り、スタートです」

合図のアナウンスとともに、炭坑節のイントロが始まった。

「さあ、気合入れていくぞ」

町さんが、一行の後ろから前へと歩きながら、檄を飛ばした。

　　月が出たでた　月がでた　あよいよい　三池炭鉱の上にでた

みな、一様に、どことなく遠慮がちでぎこちない。でも、その中にあふれる晴れやかな表情は、どこの団体にも負けてはいない。

あんまり煙突が高いので　さぞやお月さん　煙たかろ　さのよいよい

（掘って　掘って　担いで　担いで……）

与洲会館での練習のときも、皆にかけ声をかけていた森さんが、この日も、大きな声で皆に指示をしている。森さん自身、足を出すところで手を出したりして何度か間違え、苦笑しながらも、とても楽しそうに初めての炭坑節を踊っている。

沿道にはたくさんの大牟田市民。高齢のために参加できなかった与論会の人たちも声援にかけつけ、晴れ舞台に見入っている。前の与論会会長・堀円治《えんじ》さんも、奥さんと一緒に声援を送った。目に涙をためている人もいる。

初めて踊る炭坑節。明治の頃に炭鉱に移住して以来、ひたすら「ごんぞう」の仕事を続けた与論の民。彼らは、他の坑夫たちと並ぶ扱いを受けたことはなかった。彼らにとって、炭坑節を踊ることは、いったい、どんな意味を持つのだろう。

炭坑節総踊りは一時間余り続いた。おもてをあげ、しっかりと前を見て、この日与論の民は、大牟田市民の一員として、炭坑節を踊り尽くした。

はっぴの黄色が、与論の豊かな満月に重なって見えた。

2008年大蛇山祭り「炭坑節」・与論会の総踊り

踊りを終えたメンバーは与洲会館に戻った。

会館には、ビール、焼酎のほか、寿司、焼き鳥などのたくさんのご馳走が並べられた。みんな夢を実現した達成感からか、いつもより一段と酒のペースが早く、上気した顔だ。

「今までは、はずかしいという気持ちがあったけど、はっぴを作って堂々と与論を名乗って自信がつくようになったな」

「なんとしてでも、自分のふるさとを知ってほしいという思いが強くなったね。こういう場所に出ることができて、自信がもてた。絶対に続けていかなくてはいかん。次はぜひ、うちの子も参加させたいね」

精悍で浅黒い顔立ち。真っ白い口ひげが島の血を強く印象づける仲野光浩さんが、突然立ちあがった。

「みなさん、私はきょう、お礼を言いたい」

「大牟田の夏祭りに出ることは、長い間の私たちの夢でした。きょう、それがやっと実現したという感動でいっぱいです。やっと大牟田市民になれたかな、という気持ちです。本当にありがとうございました」

顔を赤くした町さんがみなに言った。

「これからも、みんなで、ユンヌの生き様を伝えていこうではありませんか」

一同から、大きな拍手が起こった。

「来年は、百人体制を目指して、エイサー隊も入れて、賞をとりましょう」

それからは、三線と太鼓でいつものように島の歌が始まった。女たちが立ち上がり、小皿をあわせ、カスタネットのようにたたきながら、島の唄を歌う。子供たちも、上手にカチャーシーを踊っている。竹さんの三線も歌も、きょうは一層力が入っている。障子も戸も開け放たれ、その夜はいつまでも、かつての炭鉱の街の一角に島の唄が響いた。三池に残った与論の民は、新たな一歩を踏み出した。古い炭住の瓦屋根の向こう。月が彼らを見守っていた。

三池港百年

二〇〇八年八月九日、三池港が開港百周年を迎えた。三井が三池の石炭の積出港としてこの港を開港して一世紀が経ったのだ。

式典の当日は、港に大型の帆船・日本丸が寄港し、ブラスバンドが迎えるなど、華やかな雰囲気に包まれた。新しくつくられた團琢磨の胸像も披露され、テープカットが行われた。

港の一角では物産展が開かれ、与論会もそこで、与論の焼酎やTシャツなどを販売した。

町さんは、朝から与論会のテントの中にいた。話をしていても、いつもと違い、どこか上の空だ。何か気がかりなことがあるようだった。

実は、午後に行われる式典での、大牟田市長の挨拶が気になっていたのである。

町さんや、前の与論会の会長・堀円治さんは、以前から大牟田市に対して、開港百年の市長の挨拶の中に、与論の民のこれまでの歴史に対してなんらかのコメントを入れてほしいと申し入れていた。移住百年という節目に、公式に与論の民の足跡を認めてもらい、それを今後のステップにしたいという思いが町さんにはあった。ところが、きょう、港クラブで開かれる式典に、市役所から何の案内もなかったのだ。

町さんは、ブースの中で、朝からずっとビールを飲んでいた。式典の時刻が迫ると、町さんはやおら立ち上がり、ひとり会場に向かった。服装は、先日大蛇山用に新調した与論会のはっぴにパナマ帽。この色鮮やかなはっぴは会場ではとても目立つのではないか。私は内心はらはらした。

「少々飲まないと、こんな格好で行けんですよ。きょうは与論会の町として行くんですから」

町さんは笑った。

港クラブには横付けされた黒塗りの車が数台停まっていた。三井の関係者や県知事、国会議員などの来賓の車だろう。

町さんも、重厚な門から建物に向かって歩いていく。港クラブは、三井の社交場、接待の場として利用されたところだ。かつては石炭の買い付けに訪れたバイヤーたちが商談を行った。瀟洒《しょうしゃ》な洋風の建物は、明治の代表的な洋風建築だ。

会場のホールはクラシック音楽が流れ、スーツ姿の男たちでいっぱいだった。町さんは臆することなく、与論会と大きくかかれたはっぴ姿で、中に入っていく。町さんの妻の征子さん、前の会長の堀円治さん夫妻もやってきて、皆で固まって一角に腰を下ろした。


さあ、市長の挨拶だ。町さんは市長の顔をじっと見つめる。

三池港開港の歴史や、それによる大牟田市の発展について述べたあと、大牟田市の古賀道雄市長はこう続けた。

「……築港に携わった方々や、開港以来、港湾荷役などに従事された、与論島などの方々のご苦労があったものと伺っております……」

市長の言葉に、町さんは、深々と一礼をした。

式典が終わり、町さんが市長に声をかけた。

「与論会の町です。きょうは本当にありがとうございました」

市長は突然声をかけられ、驚いた様子だった。

「与論の焼酎です。飲んでください」

町さんが、与論の焼酎「有泉」を一本、市長に差し出した。市長も笑顔で受け取った。

「こうやって、団琢磨が顕彰されますが、でも、陰にはたくさんの人たちのご尽力があった。その代表として、与論の方々を紹介させていただきました」

　市長と別れ、また港のブースに戻る町さんは涙ぐんでいた。百年にわたる与論の民の仕事を、祖先の苦労を、初めて公式の場で、市民の前で認めてもらったのだ。

「ここで涙流すわけには行かないから、あとでじっくりかみしめて、これからのばねにしたいと思っています」

　三池港開港百年。その歴史は、三池に移った与論の人たちの歴史でもあった。

「服従ハスルモ屈服スルナ　常ニ自尊ヲ保テ」

　差別と貧困の中、いやおうなしに与論の民であることを自覚させられ、それがために結束した人たち。ただただ、生き抜くため、「誠」の心で黙々と働いてきた。

　与論の民としての誇り、と彼らは言う。しかしそれは、逆説的な言い方をすれば、誇りを持たなければ生きることができなかったのだ。

　しかし、いずれにせよ、大牟田の地に与論のアイデンティティーが残り得た。

　与論で聞いた、とても印象深い言葉がある。「大牟田にこそ、本当の与論がある」という言葉だ。もちろん、自然に包まれた島には豊かな文化があるし、比較はできないと思うけれども、与論の民であることを意識して今も生きているのは、やはり、島を出た人たちだろう。三池移住百年の歴史は、否応なく、彼らが「与論の民」を生きた百年だった。

夏ふたたび

万田坑を訪ねた。最初に訪ねたときも夏だった。取材を始めて、もう何度この場所を訪れたことだろう。万田坑は、ユネスコの世界遺産の登録を目指している。

かつてここにそびえていた第一竪坑は、かつて東洋一とうたわれた。今はその土台だけが残り、辺りは一面夏草に覆われている。ヨーロッパの最新式の機械を導入した巻き上げ機室。そして三池港の開港と期を一にしてつくられた第二竪坑。

一八九七（明治三〇）年の開鑿から百十三年。万田坑は、石炭が時代を引っ張った時代から、その役割を終えるまで、激しい時代の変遷の中にあった。そしてかろうじて生き残り、日本の近代化遺産として、次代にその姿を残すことになった。

取材を始めたころは、少し離れて眺めては、日本の近代化を担ったその偉容に感じ入ったものだ。しかし今、私は、その遺産から、人間を感じたいと思う。

巻き上げ機室の外壁。一世紀もの間、風雨に耐えたレンガに手のひらを当ててみる。目を閉じて頬をつけてみる。このレンガは、人の汗ばかりでなく、涙も血も吸い取っている。ひとの命の鼓動が、温かい体温が伝わってくる。

炭鉱の閉山以降、大牟田市の人口は半減し、街は衰退している。

万田坑跡

閉山後の町の活性化の目玉としてつくられたテーマパーク・ネイブルランドは、わずか三年で六十億円の負債を抱えて閉園に追い込まれた。かつての入園口付近の壁にはスプレーで落書きがされ、ロープの張られた敷地の向こうには雑草が生い茂っている。カラスが数羽ばたばたと羽音を立てながら、上空を舞っている。

大牟田の市街地は休日でも多くの店がシャッターを下ろした状態だ。かつての賑わいの痕跡は、今、どこを探してもない。

そんななかで、大牟田・荒尾では今、かつての炭鉱の街を見直そうという動きが盛んだ。万田坑や宮原坑など、現在も残っている遺跡をめぐるツアーや、元炭鉱マンによる語り部の育成、スケッチ大会、三池港でのイベントなど、行政や市民が一体となって、精力的にさまざまな取り組みをしている。

負の遺産ともいわれ、暗いイメージがつきまとう炭鉱。今でも、大牟田出身といえない人もいるという。

昔、街に炭坑があったこと。炭住があって、人びとの温かい暮らしがあったこと。父は真っ黒になって働き、家庭を、日本を支えたこと。母は、そんな父を必死に励ましたこと。その時代が今につながっていること。そんなことを伝え、日本の近代化を支えたこの遺産を、これからこの街で生きる人たちの拠り所にしたいと思っているのだ。

しかし、大陸からの強制連行、囚人労働など、人を牛馬のように使い、殴り、殺し、地底に投げ込んだ、目をそむけたくなる現実も、実際にこの街で起こったことだ。牛馬の餌と同じものを与え、名前でなく番号で呼び、殴られ続けた人たちは、今もその記憶に苦しみ、もがき続けている。ガス爆発事故の犠牲になった人たちは、今でも悪夢にうなされ、視力をなくした目で、糾弾する対象を探し続けている。

万田坑で行われたイベントでは、第二竪坑の前で、たくさんの市民が炭坑節を踊った。女性たちのフラダンスも披露され、市民の喝采を浴びた。フラの華やかな衣装の、ゆったりと流れるようなリズムを刻む、その足元。

地下二七〇メートルの地底では、かつて九十五年間にわたって、坑夫たちの苦闘が繰り広げられた。坑内火災で、入り口を塞がれ、閉じ込められたままの坑夫たち。殴られ、地底に放置された囚人たち。この地底には、地上に出たくても出られない魂が、まだ出口を求めて彷徨っているかもしれない。

かつて炭鉱で起こったことが語られることはほとんどない。地底と娑婆を結んだ坑口は埋め立てられ、閉山とともに、すべては地の底に封じ込められてしまったかのように思える。

炭鉱は閉山したとはいえ、大牟田は今でも三井の城下町だ。三井化学・三井金属・三井アルミニウム……、数多くの三井系の工場や関連会社で、現在もたくさんの労働者が働いている。不況によって、大牟田でも、三井金属の関連八社で首切りの嵐が吹き荒れた。これにより、下請け孫請けにも大きな影響が出た。

大牟田市のハローワークはいつも人があふれている。頭を抱えて入り口に座り込む人。夫婦で解雇された人。近所の手前、昼間家にいるわけにもいかないからと、働き口がないとわかっていても毎朝ここに自転車で通ってくる人。

大牟田駅近くの建交労。三池労組最後のひとりを自認する、平川道治さんのもとにも、連日、労働者が駆け込んでくる。みな、未組織労働者。賃金を支払ってもらえない。自宅待機が続いている。子供を病院に連れていくお金がない。

相談に来る人はまだいい。家に引きこもっている人も増えているのではないか、と平川さんは危惧する。非正規労働者が未曾有につくりだされたことで、深刻さの度合いが増している。

炭鉱閉山時はまだよかった。坑内労働者で三年、坑外で二年の雇用保険があったし、退職金の上積みもあった。今はとても、そんなことを望む状況ではない。すべては「自己責任」の言葉のもとに切り捨てられる。

平川さんが、大牟田の労働者によるインターネットの書き込みを見せてくれた。「お前らが悪い」。「お前らこそ出て行け」。正社員。派遣労働者、アルバイト。さまざまな立場の人たちが、誹謗中傷し合う。
「労働者は完全に分断されました」
かつての三池争議のときのような、労働者のつながりはない。昭和二十年代には五〇パーセントを超えていた労働組合の組織率は、現在一八・五パーセント（厚生労働省調査・平成二十一年）。自殺者は三万人に上り、なかでも失業を苦に死を選ぶ人が急増しているという。「効率」の呪縛は、何も近代化に限ったことではなく、現在も私たちの生活を支配し続けている。

高い炭鉱の煙突は、なりふり構わず近代化に邁進する日本の姿だ。三池炭鉱の煙突は消えたが、今、以前より更に高い煙突がそびえていると言ってもいいのではないか。

煙突の煙に泣く月は近代化の犠牲になった人たちだ。それはなにも過去の物語ではなく、現実の話だ。

日本の近代化は、「効率」を最優先に、人間を人間として扱ってこなかった歴史でもあった。強制連行された劉千さん。自宅にある石炭を見て、「毎日毎日殴られたよ」と感情が沸点を超えたのは、人間としての尊厳を踏みにじられた怒りからだ。与論の民が結束し、地を這うように生き続けたのは、人間扱いされない逆境への反動からだ。

煙突が「文明」とするなら、月は「文化」といえるのではないか。近代化の過程で、文明は民族、地域の固有の文化を駆逐していった。

差別的な政策のなかで、文化が残り得た与論。私はあの「洗骨」で、ハタサーが姿を現したとき、命の誕生を感じた。死者の再生を見たのだ。私は文明の先端技術からではなく、すたれゆくあの光景の中にこそ、人が人として生きる再生の鍵を感じる。近代化の犠牲になったお月さんたちが守っている、とても「非効率」なもの、限りなく人間的な、根源的なもの。これこそが、これからの社会の再生の鍵になるのではないだろうか。

二〇〇九年の炭坑節総踊りに、与論会は、島の衣装を着て、太鼓をたたき、三線を弾いて参加した。前年より大々的に与論をアピールし、見事念願の賞、「一番目だっていたで賞」を受賞した。奥都城の中にある和室には、そのときにもらった賞状と写真が飾ってある。三池移住から百年。大牟田は、与論の民にとって、本当の故郷となりつつある。

今はもう、最初に移住した人たちからすれば、四世、五世の時代となった。移住は少しずつ過去の歴史となり、被差別意識も急速に薄れている。彼らが自分のルーツは与論だと、さらりと言うようになったとき、与論の民はごく普通の大牟田市民となるのだ。

月明かりの下で

満月が近づき、与論の月を見たくて再び島を訪ねた。

ガジュマル、蘇鉄《そてつ》。島の滴る緑。刺すような光線を撥ね返す、白砂の浜とエメラルドグリーンの海。その傍らの、鮮血の色のブーゲンビリア。与論は原色の世界だ。陽のあるうちはどこまでも明るく陽気で、夜の闇はとてつもなく深い。その闇は、深遠な、とても大切なものを包み込む。大切なものとは、おそらく、命。

そして、その闇をあまねく照らす月。月の光は、闇が包み込むものを暴き出すのではなく、闇と響きあい、ともに命を育む。与論の月のなんて豊かなこと。月もまた、命そのものだ。


かつて三川坑の事故にあった林寿雄さんは、仕事の一線を退き、静かに暮らしていた。酒を飲みながら、昔の思い出話をしてくれた。

「酒を飲むと、よく炭坑節を歌ったものですよ。月が出たでた　月がでた　よいよいっとね。一杯酒を飲んだら、みんなで皿をたたいて、ちんどん屋になって歌っていました。そうやってね、暮らしていたんですよ。みんな子供を育てて……。

あんまり　煙突が高いので　さぞやお月さん煙たかろ　さのよいよいっと

……ははは　久しぶりに歌った」

「懐かしいね。与論が自分の郷里だけど、もうひとつふるさとがある、そんな感じね」

「大牟田はどんな街でしたか」

「貧乏人が住むとこだよ、あそこは。一生懸命働いても働いてもね、いい着物も買えないし、おいしいものも食べられないし……一生懸命働いてきました」

林さんは、三川坑の爆発事故と、落盤事故を体験したが、奇跡的に助かり、生き抜いてきた。横にいた息子の隆寿さんが、炭坑節を歌う父親を見ながら言った。

「親父は百二十点の人生です。一生懸命働いて、働いて、自分たち子供を育ててくれました」


夫とともに、剣劇や炭坑節を島の人たちに伝えてきた供利《ともり》満江さんは、与論の若い人たちに、この踊りを受け継いでもらおうと、毎週公民館で指導していた。踊りを教わっている四十代の女性は、踊りを通して、与論の先達がかつて島を出て炭鉱で働いたことを初めて知ったという。

「大牟田の話は知らなかったけど、大変だったんだなあって。よくここまでがんばってこられたなあって思います。もし習いたい後輩がいれば、苦労した先輩の心と一緒に、私も伝えることができればと思うんです」

酒井菊伝《きくでん》さんを訪ねると、庭に面した縁側に腰掛けていた。酒井さんは月を見上げていた。

「大牟田でも、東京でも、月は見えたけど、与論の月は大きくて明るいね。月の晩は、新聞でも読めるからね。与論の月は格が違う」

月明かりを受け、庭の貝も、ほのかに光っていた。

琴平神社の境内に立つ。ここからは、与論の集落や海が一望できる。空一面のむら雲の向こうに、おぼろな衣をまとった月が見える。この日は午前中雨が降ったせいか、雲の動きが速い。月の周囲の雲は、その光を浴びて、黄や橙やグレーや、そんな色に変幻自在に染められて、流れていく。輝く雲に縁取られた月は、アコヤ貝の中の一粒の真珠にも見える。満月の日は大潮だ。月明かりのもと、きょうは島の人たちは浜に出て、イモガイやスウナを獲ることだろう。私もほんの少しだけ、旧暦がわかってきた。

月が雲の波を離れた。月が、私の前ですっくと立ち上がった。

月と向き合った。たくさんの光が、集落や海や、浜やさとうきび畑に降り注いだ。

あとがき

今回の取材は、全国三十四の放送局でネットしている民間放送教育協会（民教協）が企画募集し、熊本放送が制作した、第二十三回民教協スペシャル「月が出たでた――お月さんたちの炭坑節」で実現したものだ。番組は二〇〇九年二月十一日に全国放送された。

炭坑節に出てくる「高い煙突」と「煙たがるお月さん」。煙突を、近代化につきすすむ日本とすれば、お月さんとは、近代化の陰で犠牲になった人たちではないか。そんな想定のもとで取材を始めた。

日本の近代化の底辺、いわば「陰の部分」を担ってきた中国・韓国・与論の人たちが、皆、今も月と密接なつながりを持っているという不思議な符合。グローバリゼーションによって地球のすみずみまでが平準化されるなか、月に育まれた彼らは、奇跡的とも言える豊かな文化を抱いていた。

「お月さん」は、隣国の人たちや、与論の民ばかりではない。炭塵爆発事故や塵肺に今も苦しむかつての炭鉱労働者たちもまた、煙突の煙に泣かされた「月」であった。

明治、大正、昭和と、日本は近代化に邁進し、戦争に突き進んだ。そして戦後の経済成長。経済至上主義のもと、カドミウムや水銀、亜硫酸ガスなどによって水や大気が汚染され、多くの人たちが命を落とし、健康被害に苦しんできた。今も、エイズや肝炎などの薬害に苦しむ人たちが後を絶たない。

こうした軌跡は、人間の命がないがしろにされた日本の負の側面である。東日本大震災による原発事故の対応など、その体質は、今も全く変わらず日本社会に現存している。近代化の犠牲になった「お月さん」たちの記憶の風景は、今、私たちの暮らす社会のありようとぴたりと重なる。炭鉱の高い煙突は姿を消した。しかし、月は、今も、見えない煙に咽び続けている。

月とは何か。この足かけ五年の取材で私がたどり着いた答えは、命、だった。月とは命。月とは、私たちそのもの。私自身であり、あなたである。

しかし、同時に「月」は、たくましい民衆でもあった。逆境を生き抜き、その腕の中に再生の鍵をしっかりと抱いている。

取材に協力してくださった方は数えきれない。大牟田・荒尾地区与論会をはじめとした全国の与論会の皆さん。かつて炭鉱で働いた大牟田・荒尾の人たち。そして、幾度となく通った与論島の方々。

なかでも、たくさんのことを教えて下さったのが三池炭鉱研究家、筑後市の武松輝男さんだ。

武松さんは、二〇一〇年五月にお亡くなりになった。最後にお会いしておよそ一年がたっていた。今も、あの穏やかな声と優しい表情が浮かんでくる。堅い信念のもと、ただひとりで走り続けた武松さん。真実を追求するその姿勢は最期まで微塵も揺るがなかった。武松さんと出逢えて本当によかったと思っている。その志の崇高さは、私たち取材する者のあるべき姿そのものだからだ。

今回の取材は、資料との格闘でもあった。たくさんの資料を快く提供してくださったのは、大牟田市の樋口哲章さん。樋口さんのご好意がなかったら、脱稿にこの数倍の時間を要していたことだろう。

企画段階から、放送までずっと一緒に走ってくれたのは、熊本放送プロデューサーの村上雅通氏（現・長崎県立大教授）だ。月とは誰か、煙突とは何か。どれだけの時間をこのテーマで共有したことだろう。月と煙突の謎解きの、なんて楽しかったこと。取材中は、熊本放送の同僚や先輩からも、たくさんの励ましやアドバイスをいただいた。また、取材のきっかけとなった民間放送教育協会の皆様にも大変お世話になった。

仕事の合間を縫っての執筆は、遅々として進まなかった。辛抱強く待って、たくさんの的確なアドバイスをくださった、石風社の中津千穂子さんには深く感謝している。更に、今回、このような機会を与えてくださった福元満治代表にも、心から厚くお礼を申し上げたいと思う。本当にありがとうございました。

井上佳子（いのうえ けいこ）

１９６０年　熊本市生まれ。
１９８３年　熊本放送入社。アナウンサー・報道記者・ラジオ制作部ディレクターなどを経て、現在、テレビ制作部ディレクター。
ハンセン病、水俣病、三池炭鉱、満蒙開拓青少年義勇軍、シベリア抑留などのドキュメンタリーを制作。
著書に『孤高の桜――ハンセン病を生きた人たち』（第１９回潮賞受賞）、『壁のない風景――ハンセン病を生きる』（第２１回地方出版文化功労賞奨励賞受賞）がある。

三池炭鉱「月の記憶」
――そして与論を出た人びと

二〇一一年七月二十日初版第一刷発行
二〇一一年十一月十日二版第一刷発行

著　者　井上佳子
発行者　福元満治
発行所　石風社
福岡市中央区渡辺通二―三―二十四
電　話〇九二（七一四）四八三八
ＦＡＸ〇九二（七二五）三四四〇
印刷製本　シナノパブリッシングプレス

＊価格は税込（5パーセント）価格です。

宮崎静夫

十五歳の義勇軍　満州・シベリアの七年

阿蘇の山村を出たひとりの少年がいた——。十五歳で満蒙開拓青少年義勇軍に志願、十七歳で関東軍に志願、敗戦そして四年間のシベリア抑留という過酷な体験を経て帰国、炭焼きや土工をしつつ、絵描きを志した一画家の自伝的エッセイ集

2100円

中村　哲

医者、用水路を拓《ひら》く

養老孟司氏ほか絶讃。「百の診療所より一本の用水路を」。数百年に一度といわれる大旱魃《かんばつ》と戦乱に見舞われたアフガニスタン農村の復興のため、全長二一・五キロに及ぶ灌漑《かんがい》用水路を建設する一日本人医師の苦闘と実践の記録

【3刷】1890円

石牟礼道子全詩集

はにかみの国

＊芸術選奨文部科学大臣賞

石牟礼作品の底流に響く神話的世界が、詩という蒸留器で清冽に結露する。一九五〇年代作品から近作までの三十数篇を収録。石牟礼道子第一詩集にして全詩集

【2刷】2625円

朝日新聞西部本社編

戦後誌　光と影の記憶

敗戦からがむしゃらに生き抜いて六十年。経済大国ニッポンの基底に沈む闇と光の記憶を検証する。原爆／人間魚雷回天／引揚孤児／ジャズの夜明け／三池闘争／炭塵爆発／力道山／筑豊／水俣／沖縄／エンプラ／イエスの方舟ほか

1890円

前山光則編

淵上毛錢詩集

「生きた、臥た、書いた」。水俣が生んだ夭折の詩人が伝説の海から鮮烈に甦る——。二十歳で発病、病の床に十五年、死を見すえつつ、生のみずみずしさをうたう。「ぼくが／死んでからでも／十二時がきたら　十二／鳴るのかい」（「柱時計」）

【2刷】1890円

斉藤泰嘉

佐藤慶太郎伝　東京府美術館を建てた石炭の神様

日本のカーネギーを目指した九州若松の石炭商。巨額の私財を投じ日本初の美術館を建て、戦局濃い中、佐藤新興生活館（現・山の上ホテル）を創設、「美しい生活とは何か」を希求し続けた男の清冽な生涯を描く力作評伝

【2刷】2625円

＊読者の皆様へ　小社出版物が店頭にない場合は「地方小出版流通センター扱」とご指定のうえ最寄りの書店さんにご注文ください。なお、お急ぎの場合は直接小社宛ご注文くだされば、代金後払いにてご送本致します（送料は一律二五〇円。定価総額五〇〇〇円以上は不要）。